KB264378

내가 사랑한
풍경 레시피

가 고 · 보 고 · 찍 고

내가 사랑한
풍경 레시피

가 고 · 보 고 · 찍 고

김재왕 · 윤돌

리얼북스
RealBooks

단 한 장의 사진에 대해서
이야기하고자 한다

우리는 '단 한 장의 사진'을 담고 선택해야 할 때가 있다. '단 한 장의 사진'이기에 선택의 깊이는 깊어진다.

나는 정리하는 것을 좋아해 사진을 찍고 기록을 남겼다. 다른 이에게, 내 친구들에게 '어떤 장소에서 이렇게 사진을 찍으면 예쁘게 담을 수 있다.'라고 소개하기 위해 촬영 포인트를 하나씩 정리하는 작업을 진행해왔다. 이를테면 여행지에서 쉽게 볼 수 있는 Photo Zone에 나의 경험을 보태 촬영 예시 사진과 함께 보여주는 작업이었다. 사진 담을 장소를 결정할 때 접근성, 피사체, 빛의 방향과 광량 등 세심한 분석으로 접근하기보다 우연히 본 광고의 카피 문구처럼 어디에선가 본 '단 한 장의 사진'을 통해 다분히 충동적으로 찾아가곤 했다. 막연한 선택이지만 나에겐 이러한 결정이 사진 촬영의 의욕을 불러일으키는 경우가 많았다.

이 책은 지난 7년간 촬영하고 정리한 사진들을 '한 장의 사진'과 설명글로 보여준 책이다. 이 책을 통해 다른 이 또한 나처럼 '단 한 장의 사진'을 보고 흥미를 얻어 카메라를 들고 떠나길 기대한다. 어떤 시간적 공간적 계산보다 열정적이고 즐기는 마음으로 사진을 담았으면 한다.

그간의 작업을 책으로 낸다는 것은 신기하고 행복한 일이었지만, 마냥 즐거운 일만은 아니었음을 밝히고 싶다. 부족한 부분이 많은 사진과 능숙하지 못한 글쓰기로 애를 먹었던 적이 많았다. 사진을 정리하고 글을 쓰는 동안 많은 격려와 도움을 준 리얼북스와 사진의 세계로 인도해 준 친구 승열이, 함께 했던 '디카홀릭' 식구들, '한 장의 추억' 사람들 그리고 야경이라는 새로운 분야로 눈을 넓힐 수 있었던 '나이트스케이프' 회원분들에게 감사의 인사를 전하고 싶다.

마지막으로 언제나 함께 있어준 내 '단 한 장의 사진'인 정구름양에게 감사의 인사를 전한다.

단 한 장의 사진을 꿈꾸며 · 김재왕

Contents

001 아름다운 물빛 무지개 **반포대교 달빛무지개분수** ・8

002 **을왕리** 노을지는 붉고 아름다운 사랑의 바닷가 ・14

003 이국적인 낭만 공간 **소래포구** ・20

004 도심 위로 붉은빛이 **안산 봉수대 일출** ・26

005 한강 야경이 한눈에 펼쳐지는 **용봉정 근린공원** ・30

006 꿈을 여행한 비행기의 아름다운 착륙 **오쇠삼거리 비행기 궤적** ・36

007 도시 사찰의 고즈넉함 **봉원사 연꽃축제** ・42

008 이국적인 정취의 건축물 **이화여대 ECC** ・46

009 엄숙하고 차분한 공간의 미학 **전쟁기념관** ・52

010 조선으로 가는 타임머신 **광화문 분수** ・56

011 대한민국 국민 야경 포인트 **공덕 오거리** ・62

012 불야성의 도심 야경 속 전통건축물 **흥인지문(동대문)** ・66

013 빛깔 고운 궁궐 **창경궁** ・70

014 형형색색 단청 빛깔과 도심 야경의 만남 **남대문(숭례문) 야경** ・74

015 코스모스 한들한들 피어 있는 길 **고잔역 협궤선로 철길** ・80

016 마음을 사로잡는 **봉은사 미륵 대불 야경** ・84

017 드라마틱한 한강의 야경 **청담대교** ・90

018 내 마음의 별을 그려주고 싶었다 **성수대교** ・96

019 달콤 로맨틱 사진 여행지 **노을공원** ・102

020 불빛을 받아 더욱 붉게 빛나는 **방화대교 야경** ・106

021 하늘을 나는 꿈 **인천공항 비행기 착륙지점** ・110

022 **북한산 일출** 땅을 뚫고 솟아오르는 해오름 ・114

023 **인천대교** 하늘에 그려지는 아련한 무지개 ・118

024 불꽃 쇼를 보는 듯 화려한 풍경 **수원 장안문**　•124

025 사랑하는 사람과 함께 걷는 길 **하늘공원 메타세쿼이아길**　•128

026 바다를 보며 오붓한 이야기를 나눠볼까 **북성 포구**　•134

027 홀로 선 나무가 낭만적인 곳 **우음도**　•140

028 바다 만나러 가는 길 **오이도**　•147

029 바다 위로 펼쳐지는 우주쇼 **시화호 철탑**　•150

030 봄이 오는 향기 **서래섬 유채밭**　•156

031 일몰의 아름다움 **강화도 장화리**　•162

032 **세미원** 푸른빛 하늘과 분홍빛 연꽃이 보고 싶어　•166

033 사랑하는 사람과 일출을 보고 싶은 곳 **두물머리**　•172

034 야경과 일출이 아름다운 촬영지 **소화묘원**　•176

035 고요함과 그윽함이 있어 평화로운 **선정릉**　•180

036 아름다운 빛깔로 피어나는 **창덕궁 후원**　•186

037 미래도시처럼 이국적인 야경 **송도 트라이볼**　•190

038 선이 아름다운 **샛강다리 야경**　•198

039 하늘에서 보는 즐거움 **영동대교 야경**　•204

040 양귀비꽃으로 물들어 있는 **상동 호수 공원**　•210

041 시간의 흐름을 보는 듯한 **독립문 야경**　•216

042 선이 아름다운 다리 **가양대교 야경**　•222

카메라와 함께 떠나는 **성당 여행지**　•228

카메라와 함께 떠나는 **벽화 마을 여행지**　•230

001 아름다운 물빛 무지개
반포대교 달빛무지개분수

이름만큼이나 예쁜 모습을 보여주는 반포대교 달빛무지개분수는 단순히 물만 내뿜는 것이 아니라 배경음악과 분수가 조화롭게 어우러지도록 연출하고, 야간에는 경관조명을 이용하여 환상적인 한강의 야경을 보여준다.

준비물 ▶ 표준줌렌즈(24~70mm), 85mm, 삼각대, 유무선 릴리즈
다리 위에서 쏟아지는 분수 쇼와 주변 풍경들은 표준줌렌즈 정도의 화각(24~70mm)이 좋다. 분수 쇼는 하루에 두세 번, 딱 15분만 펼쳐지므로 분수 쇼가 펼쳐지기 30분 전에는 반포대교에 도착해 삼각대를 설치하고 미리 구도도 잡아보는 것이 좋다.

촬영 길잡이 ▶ **난이도** 중 **계절** 4~10월 **시간** 분수 가동시간 **포인트** 반포대교 조명과 분수

반포대교 달빛무지개분수 가동시간

매년 4~10월

평일 2회(매회 15분) ⇒ 20:00, 21:00

휴일 3회(매회 15분) ⇒ 20:00, 20:30, 21:00

#1

반포대교 달빛무지개분수에서 가장 많이 촬영하는 사진으로 반포대교 남단 오른쪽이 촬영 포인트다. 서울N타워와 도심의 불빛이 배경으로 펼쳐지고 조명을 받은 분수가 포물선을 그리며 물줄기 터널을 만드는 모습을 촬영할 수 있다. 장시간의 셔터속도가 필요하므로 삼각대를 설치해야 하지만 너무 긴 시간을 촬영하면 물줄기가 움직이거나 흐려질 수 있으므로 주의한다.

분수의 궤적은 시간에 따라 움직이므로 사전에 촬영 준비를 마치고 분수 쇼가 시작해 물줄기가 포물선을 그릴 때 셔터를 눌러 촬영한다. 또한, 가로등 불빛을 갈라지게 촬영하려면 F8 이상의 조리갯값으로 설정하는 것이 좋다. 조리개우선모드(A)로 설정한 후 조리갯값을 F8 이상으로 촬영한다. 또는 매뉴얼모드(M)로 설정한 후 조리갯값은 F8이상, 셔터속도는 15초 정도로 촬영한다.

NIKON D700 | ISO 200 | F11 | 70mm | EV 0

NIKON D700 | ISO 200 | F16 | 25sec | 38mm | EV 0

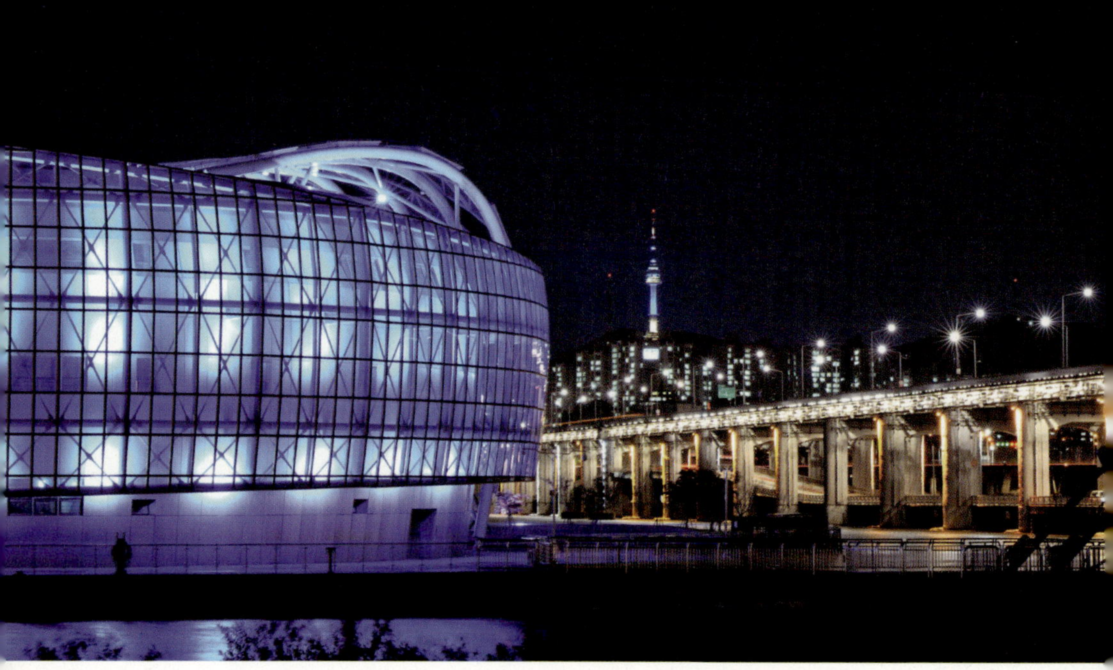

NIKON D700 | ISO 200 | F16 | 15sec | 85mm | EV 0

#2

세빛둥둥섬과 반포대교, 서울N타워를 함께 촬영한 사진으로 반포대교 남단 왼쪽에서 촬영한 사진이다. 세빛둥둥섬의 많은 부분을 웅장한 모습으로 촬영하고, 오른쪽으로 반포대교의 가로등 불빛이 갈라지게 하여 서울N타워를 함께 담았다. 멀리까지 뚜렷하게 촬영되고 가로등 불빛이 갈라지게 조리갯값을 F8 이상으로 조이는 것이 좋고, 장시간의 셔터속도가 필요하므로 삼각대를 설치해 촬영한다. 셔터를 누를 때 미세한 떨림을 방지하기 위해서는 셔터 릴리즈 사용도 추천한다.

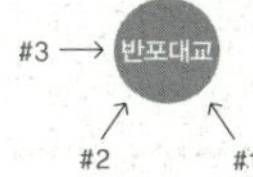

NIKON D700 | ISO 200 | F16 | 5sec | 40mm | EV 0

#3

다리 안쪽에서 분수 쇼가 펼쳐지는 바깥쪽을 향해 촬영한 모습으로 어두운 하늘과 하얀 물줄기의 대비 효과가 좋다. 다양하게 변하는 물줄기의 모습을 담거나 일자로 떨어지는 모습을 담는다. 너무 넓은 화각의 렌즈는 다리 기둥이 보이고 좁은 화각의 렌즈는 물줄기의 폭이 좁아 화면이 넓지 못하므로 30~40mm대의 화각으로 촬영하면 좋다. 물줄기가 가늘고 움직이기 때문에 초점 맞추기가 쉽지 않아 수동으로 맞추어 놓은 초점을 고정해 촬영하는 것이 좋다. 바람이 강하게 불 때는 물줄기가 안쪽으로 들어오므로 카메라가 젖지 않도록 조심한다.

촬영 포인트 **찾아가는 길** 지하철 9호선 고속터미널역 8번 출구 반포대교 방향 도보로 1km 이동 | 버스는 반포한강공원. 플로팅 아일랜드 정류장에서 하차해 도보로 100m 이동 **내비게이션** 반포한강공원 달빛공연장(서울시 서초구 신반포로 11길) **자가 정보** 반포한강공원 달빛공연장을 찾아간 후 주차장에 주차한다. 주차장에서 3~5분이면 촬영 포인트에 도착할 수 있다.

반포대교 남단 촬영 포인트에서 너무 다리 아래쪽으로 올려 찍거나 멀리 떨어져 사선으로 찍기보다는 다리와 수평 정도의 높이로 서서 촬영하는 것이 좋다.

13

NIKON D700 | ISO 200 | F10 | 1/320sec | 70mm | EV 0

바다를 보고 싶을 때 쉽게 찾아갈 수 있는 곳이 을왕리 해변이다. 을왕리 해변은 갈매기, 파도 등 바다의 풍경뿐만 아니라 수평선 너머로 떨어지는 멋진 일몰 사진을 촬영할 수 있다. 끝없는 수평선 너머로 지는 붉은 해의 사라짐은 뭔가 모를 마음속 일렁임을 준다.

준비물 표준줌렌즈(24∼70mm), 망원렌즈(70∼300mm), 장화 또는 등산화, 삼각대, 그러데이션 필터 또는 편광 필터(PL)

멀리 일몰의 풍경을 촬영하려면 망원렌즈로 줌인해서 촬영해야 지는 해를 크게 촬영할 수 있고, 갈매기와 인물의 실루엣을 촬영하기 위해서는 24mm 정도의 화각이 좋다. 태양 빛의 난반사를 피하기 위해서는 편광 필터를, 하늘과 인물의 노출 차이를 줄이기 위해서는 그러데이션 필터가 필요하다.

촬영 길잡이 **난이도** 중 **계절** 사계절 **시간** 일몰 시각 **포인트** 일몰과 인물의 실루엣 촬영

#1

해가 수평선 너머로 지기 시작할 때 붉은 낙조를 배경으로 인물의 실루엣 촬영을 한 사진이다. 카메라가 빛의 양을 측광해서 촬영하게 되면 실루엣 촬영을 하기 힘드므로 카메라의 촬영모드를 매뉴얼모드(M)로 설정한 후 조리갯값을 F10 정도로 설정한다. 촬영자가 원하는 실루엣과 주변 밝기가 되도록 셔터속도를 조정해가며 촬영한다. 실루엣 사진은 주변이 복잡한 것보다는 피사체만 심플하게 촬영하는 것이 좋다. 바닷가 밀물이나 해변에 신발이 젖지 않도록 주의한다.

NIKON D700 | ISO 200 | F16 | 1/160sec | 112mm | EV 0

#2

붉은 일몰의 배경에 부둣가 인물들의 모습을 실루엣으로 촬영한 사진이다. 인물들의 모습을 실루엣으로 촬영하기 위해서는 매뉴얼모드(M)로 설정한 후 노출 값을 임의로 설정하는 것이 좋다. 또한, 붉게 지는 일몰을 연출하기 위해서는 화이트밸런스의 온도 값을 8000K 정도로 설정하거나, 레드 필터를 사용해 일몰의 붉은 색감을 강하게 연출해 주는 것이 좋다.

해가 떨어지는 방향을 예측해 선착장 끝 부분의 피사체와 겹쳐질 수 있도록 촬영 포인트를 확인하고, 촬영 준비를 미리 맞추어 놓는 것이 좋다. 멀리 있는 피사체를 당겨 촬영해야 하므로 삼각대나 망원렌즈를 준비한다.

바다로 지는 태양 빛이 해변에 비추는 것을 촬영한 사진으로 사진의 단조로움을 막기 위해 오른쪽에 인물을 배치하였다. 인물과 태양, 태양의 반영이 어느 한쪽으로 치우치기보다 조화를 이룰 수 있도록 비중을 분배하는 것이 중요하다. 망원렌즈가 태양을 크게 촬영할 수 있으며, 카메라가 떨릴 수 있거나 초점이 바뀔 수 있으니 삼각대를 설치한 후 촬영한다.

NIKON D700 | ISO 200 | F8 | 1/125sec | 200mm | EV 0

Canon EOS 5D Mark II | ISO 100 | F16 | 1/250sec | 24mm

해변에 자주 보이는 갈매기와 인물의 모습을 실루엣으로 촬영한 사진이다. 해가 수평선에 다다를 때, 인물과 해의 겹침, 갈매기의 모습 등이 잘 어우러질 수 있도록 촬영해야 하므로 타이밍을 놓치지 않는 것이 중요하다. 갈매기는 새우 맛 과자를 이용하면 쉽게 인물 주변에 날아들며 타이밍을 놓치지 않기 위해서는 고속셔터로 설정하고 연사모드로 촬영한다.

촬영 포인트 **찾아가는 길** 을왕리행 버스를 이용한다. 지하철은 5, 9호선과 연결되는 공항철도나 공항버스를 이용해 인천국제공항청사로 간 후 3층의 2, 7, 13번 승차장에서 을왕리행 버스를 타면 된다. **내비게이션** 을왕리해수욕장(인천광역시 중구 을왕동 746) **자가 정보** 을왕리해수욕장이나 을왕리 선착장을 찾아간 후 주차장에 주차한다. 을왕리 선착장에는 주차장이 마련되어 있으며, 해수욕장 근처 음식점 주차장을 이용할 수 있다. 을왕리해수욕장에 일몰 시각에 맞추어 도착한 후 해변을 정면으로 바라보고 사진을 촬영한다. 해변을 걸으며 촬영해야 하므로 장화나 샌들을 준비하면 좋다. 해지는 시간보다 최소 1시간 정도 미리 가서 촬영해야 해 지기 전부터 해지고 난 후까지 사진을 안정적으로 촬영할 수 있다.

003
이국적인 낭만 공간
소래포구

서울에서 가깝게 바다와 갈대밭을 볼 수 있는 곳을 추천하라면 1초의 망설임도 없이 소래포구와 소래생태습지공원이라고 말할 것이다. 가을 하늘 아래 키 높이의 무성한 갈대 속에서 연인과 사진을 담고 이국적인 풍차를 배경으로 풍경 사진을 담을 수 있는 곳이 소래포구다.

 광각줌렌즈(17~40mm), 표준줌렌즈(24~70mm), 삼

각대, 유무선 릴리즈 또는 인터벌 릴리즈, 손전등, 핫팩, 외투
시원하게 탁 트인 느낌의 촬영을 위해서 광각렌즈를 사용한다. 별 궤적 촬영을 위해 삼각대와 인터벌 릴리즈를 준비한다. 밤에는 주변 조명이 부족하여 이동 시 갈대숲의 물웅덩이에 빠질 수 있으므로 손전등을 준비한다. 겨울에는 장시간 촬영 시 기온 하강을 대비해 핫팩과 두툼한 외투를 준비한다.

 난이도 중　**계절** 사계절　**시간** 새벽~저녁
포인트 풍차 주변 풍경

Canon EOS 5D Mark II | ISO 100 | F8 | 1/2000sec | 30mm

#1

황금 물결을 이룬 갈대 사이로 붉은 지붕의 풍차 세 대가 서 있는 풍경에 청명한 가을 하늘이 배경에 있다면 금상첨화일 것이다. 화각은 17mm 이상에서 주변부에 일그러짐이 발생하므로 25~30mm로 설정하고 풍차 세 대가 프레임 안에 충분히 담길 수 있도록 떨어져서 촬영한다. 하늘이 맑거나 구름이 예쁘면 바닥의 갈대보다는 하늘에 비중을 두고, 하늘이 우중충 하다면 하늘의 비중을 낮추어 갈대가 많이 표현되도록 구성한다. 선명한 화질과 초점을 위해 조리개를 F8 이상으로 설정하고, 하늘의 노출이 날아가지 않는 적정선에서 셔터속도를 결정하여 촬영한다.

추가 팁으로 풍차 근처에 사람이 많은데 사람 없는 풍경을 촬영하고 싶다면, ND800~1000 필터를 사용하여 셔터속도를 3~6초 정도 주면 사람들의 흔적 없이 깔끔한 풍경 사진을 촬영할 수 있다.

Canon EOS 5D Mark II | ISO 100 | F7.1 | 30sec | 17mm | 궤적합성

소래생태습지공원의 밤 풍경을 촬영한다. 별 궤적 촬영을 위해 삼각대의 높이를 낮게 하여 로우앵글로 촬영한다. 셔터 속도를 30초, 조리개를 F4~8 사이로 설정하여 풍차와 별이 선명하게 담기는지 확인한 뒤에 인터벌 릴리즈를 이용하여 2~3시간 정도 촬영하고 후보정으로 합성한다.
배경 아파트의 광해로 인하여 별이 잘 보이지 않거나 프레임 하단이 지나치게 밝은 경우가 있다. 아파트의 불빛을 피하려면 아파트 불이 소등되는 새벽 3~5시에 촬영한다.

Canon EOS 5D Mark II | ISO 100 | F1.2 | 1/5000sec | 50mm

#3

소래생태습지공원의 풍차를 갈대와 함께 일출 시의 햇살로 담는 포인트다. 풍차를 정면에서 보았을 때 우측에서 해가 떠오르므로 풍차의 좌측에서 담으면 일출과 함께 역광으로 담을 수 있다. 프레임 구성 시에 풍차에 초점을 맞추고 갈대를 흐림 처리해도 좋고, 반대로 풍차를 흐림 처리하고 일출의 햇살로 반짝이는 갈대에 초점을 잡아도 좋다. 촬영 시 조리개는 최대 개방해 피사체가 배경 흐림 되어 아련한 느낌이 들도록 한다.

Canon EOS 5D Mark II | ISO 100 | F1.2 | 1/5000sec | 50mm

풍차를 등에 지고 갈대숲과 아파트를 배경으로 한 일몰 사진이다. 갈대숲과 외로이 서 있는 나무에 인물을 배치함으로써 따스한 저녁 햇살과 함께 낭만적인 분위기를 연출했다. 광각렌즈와 표준줌렌즈를 이용하여 넓은 프레임을 구성하고, 조리개는 F1.2~4로 개방하여 인물에 초점을 맞춘다. 넓은 느낌을 주기 위해 로우앵글보다는 하이앵글을 이용하면 좋다.

촬영 포인트 **찾아가는 길** 수인선 지하철 소래포구역에서 풍림아이원 아파트 방향. 도보로 30분 이동하면 소래생태습지공원을 찾을 수 있다. **내비게이션** 소래생태습지공원. 인천광역시 남동구 논현 1동 **자가 정보** 소래생태습지공원 주차장에 주차

한낮의 사진보다 인상 깊은 사진을 담고 싶다면 일출 시간대와 일몰 시간대의 빛을 이용한다.

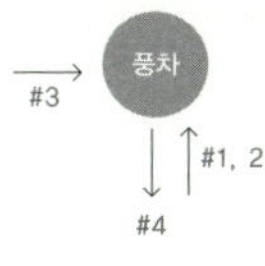

004

안산 봉수대 일출

무악산으로도 불리는 안산은 나지막한 도심 속 산으로 도로를 사이에 두고 인왕산과 마주하고 있으며, 백악산과 북한산, 남산 등 서울 주변의 산과 도심을 한눈에 조망할 수 있는 곳이다. 정상 부근은 큰 바위와 기암괴석으로 이루어져 있으며 봉수대가 있다. 떠오르는 해의 모습에 서울N타워나 인왕산 등을 함께 배치해도 좋다.

준비물 광각줌렌즈(17~35mm), 표준줌렌즈(24~70mm), 망원줌렌즈(70~200mm), 편광 필터, 삼각대, 레드 그러데이션 필터, 방한용품(핫팩), 랜턴, 등산용품 등

떠오르는 해를 확대해 촬영하려면 망원렌즈가 필요하고, 서울 도심과 남산, 인왕산 등의 산자락과 함께 일출을 담으려면 광각렌즈가 필요하다. 해가 떠오르는 부분과 주변을 안정적으로 프레임에 담기 위해서는 50~100mm 구간의 화각이면 적당하다. 일출 시 빛 노출 값의 차이를 극복하기 위해서는 편광 필터나 그러데이션 필터를 사용하는 것이 좋다. 해가 뜨기 전 어두운 산길을 올라야 하므로 등산용품이나 방한용품을 챙기는 것이 좋다.

촬영 길잡이 난이도 중 계절 사계절 시간 해 뜰 무렵 포인트 일출

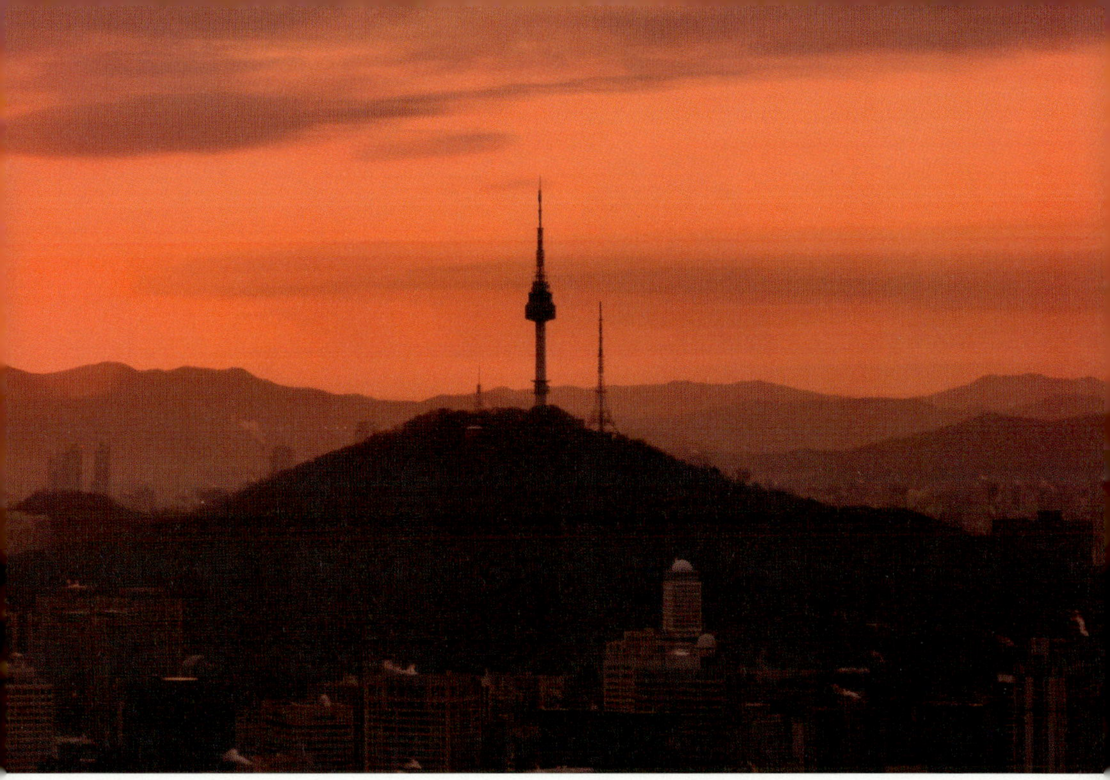

NIKON D700 | ISO 200 | F16 | 1/30sec | 85mm | EV 0

#1

겨울철이 될수록 해가 인왕산 쪽에서 오른쪽에 있는 서울N타워 쪽으로 조금씩 이동한다. 사진은 11월 말에 촬영한 사진으로 서울N타워와 일출을 함께 담은 사진이다. 일출 전에는 빛이 부족하므로 삼각대를 설치한 후 촬영하는 것이 좋다. 해가 떠오르는 붉은 하늘의 모습을 담고 싶다면 레드 그러데이션 필터를 이용하거나 색온도 값을 8000K 정도로 설정한다. 물론 일반 그러데이션 필터를 이용해 밝은 하늘 부분을 어둡게 해 노출 값을 맞추거나 빛의 난반사를 줄이는 것도 좋다.

NIKON D700 | ISO 200 | F11 | 1sec | 24mm | EV 0

#2

여명이 밝아올 때 봉수대와 정상에 있는 사람들
의 모습을 실루엣으로 촬영해도 좋다. 날이 밝기
전이므로 삼각대가 필요하며, 하늘은 밝고 봉수
대나 사람들은 어둡게 촬영하기 위해 매뉴얼모
드(M)로 촬영하는 것이 좋다. 인위적으로 연출하
기보다 자연스럽게 움직이는 사람의 모습 속에
서 순간 포착을 해보길 권하고 싶다. 좀 더 극적
인 연출을 하기 위해선 사람의 모습을 클로즈업
해서 촬영하는 것도 좋다.

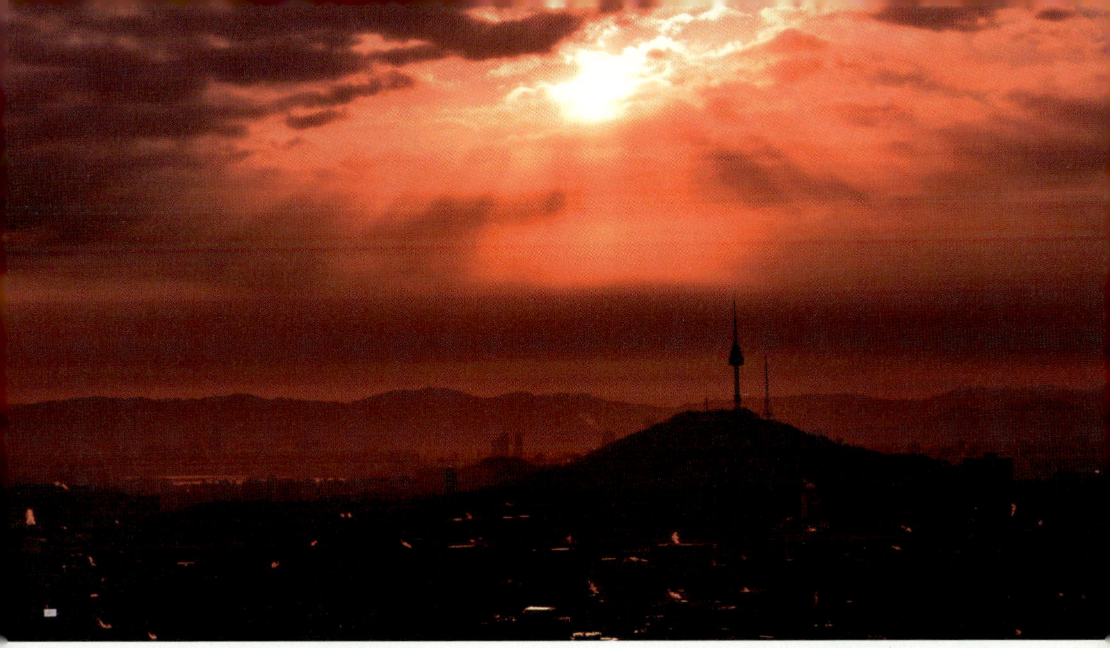

NIKON D700 | ISO 200 | F16 | 1/400sec | 85mm | EV 0

#3

해가 많이 떠오른 후 구름 사이로 햇빛 내리는 장면을 촬영한 사진이다. 햇빛 내림 사진을 촬영하기 위해서는 뭉게구름이 있는 날씨가 좋다. 또 실제 노출 값보다 하늘을 조금 어둡게 촬영하는 것이 좋으니 그러데이션 필터를 렌즈에 장착한 후 촬영한다. 멀리까지 선명하게 팬포커스로 촬영해야 하므로 조리갯값은 F8 이상으로 설정하며, 화각은 표준렌즈 구간이면 적당하다. 전체적으로 조금 어둡게 촬영해야 빛내림을 선명하게 담을 수 있다.

촬영 포인트 **찾아가는 길** 지하철 3호선 독립문역 4, 5번 출구 방향으로 나와 독립문 파크빌 근처 등산로로 약 30~1시간 정도 오르면 안산 정상 봉수대에 오를 수 있다. 지하철 3호선 독립문역 5번 출구에서 서대문 02번 마을버스를 타고 독립문 파크빌 근처까지 이동할 수 있다. 버스 지선 7025, 7737 마을 종로5, 서대문02 **내비게이션** 독립문 파크빌(이후 등산로), 서울시 서대문구 통일로 279-75(현저동 1019) **자가 정보** 독립문 파크빌에서 조금 더 오르면 작은 공원이 나온다. 공원 전에 주차장이 있다.

안산은 산이 낮아 등산로가 발달해 있는데 서대문구청, 연희B지구 시민아파트, 연세대학교 기숙사, 봉원사 등에서도 등반할 수 있다. 독립문역 쪽 독립문파크빌 아파트 위 등산로로 오르는 것이 최단 거리다. 봉수대가 있는 정상에서는 북쪽으로 북한산, 남쪽으로는 남산, 동쪽으로는 인왕산과 백악산 등을 함께 촬영할 수 있다.

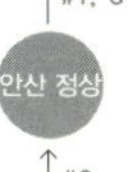

005 한강 야경이 한눈에 펼쳐지는 **용봉정 근린공원**

흑석동의 아기자기한 벽화를 구경하며 골목길을 오르면 탁 트인 하늘과 한강, 한강의 교량들 그리고 용봉정 근린공원을 만날 수 있다. 작은 공원이지만 63시티 방향으로 지는 일몰 풍경과 야경 그리고 불꽃축제를 연인과 함께 감상하고 사진으로 담을 수 있다.

준비물 ▶ 광각줌렌즈(17~40mm), 표준줌렌즈(24~70mm), 표준단렌즈(50mm), 망원줌렌즈(70~200mm), 삼각대, 유무선 릴리즈, 긴 팔, 긴 바지, 모기약, 빛 가림 판(검은 도화지), 두꺼운 외투와 무릎담요, 핫팩

여의도와 용산 일대를 아우르는 풍경을 담기 위해 광각렌즈를 사용하고, 63시티와 교량 등 건물과 풍경은 표준화각의 렌즈로 담는다. 망원렌즈로는 풍경의 확대된 모습을 담는다. 주경 촬영 시에는 삼각대가 필요하지 않으나 야경과 불꽃축제 사진을 위해서는 삼각대와 릴리즈 그리고 빛 가림판이 필수다. 10월 초에도 모기들이 많으므로 긴 팔, 긴 바지를 입도록 하며 모기약이 있으면 좋다. 일몰 후에 급격한 기온 하강과 바람이 불어오므로 두꺼운 외투와 무릎 담요, 핫팩을 준비하도록 한다.

촬영 길잡이 ▶ **난이도** 상 **계절** 사계절(불꽃축제는 10월) **시간** 오후 6~9시
포인트 한강야경과 불꽃

한강을 내려다보는 느낌으로 촬영하는 포인트다. 주경과 야경 풍경도 좋지만, 백미는 매년 10월 초에 개최되는 서울 세계불꽃축제다.

불꽃을 담을 경우 50mm 단렌즈로 63시티와 한강 교량, 불꽃을 집중적으로 표현할 수 있도록 프레임을 구성한다. 불꽃 촬영 시 충분한 셔터속도를 주고 빛 가림 판(검은 도화지)을 이용해 불꽃이 터지는 순간 가림 판을 열어 불꽃을 순간적으로 촬영하고 다른 불꽃과 겹치지 않도록 다시 렌즈 앞을 가림 판으로 가려준다.

평일과 주말에는 사람이 많지 않으나 서울 세계불꽃축제 당일에는 오전부터 좋은 포인트 선점을 위한 경쟁이 치열하므로 될 수 있으면 일찍 도착하는 것이 좋다.

Canon EOS 5D Mark II | ISO 400 | F9.0 | 10sec | 50mm

Canon EOS 5D Mark II | ISO-100 | F7.1 | 13sec | 50mm

야경 못지않게 한강대교와 한
강철교, 노들섬, 63시티의 낮
풍경을 담을 수 있다. 조리개
우선모드(A)로 조리개를 F8.0
이상 확보하여 전체적으로 선
명하게 담는다. 17mm의 화
각을 이용하면 올림픽대로와
노들섬까지 담을 수 있지만
20mm 정도로 촬영하여 하단
부의 나무를 프레임에 포함하
지 않는 게 좋다.

Canon EOS 5D Mark II | ISO 200 | F8.0 | 1/800sec | 17mm

10월경에는 일몰 방향이 63시
티의 왼편이기에 공원의 나무
에 가려서 지는 태양을 담기
가 어렵지만, 석양의 하늘과
붉은빛으로 물든 구름을 함께
담아본다. 하늘과 구름의 모
양에 따라 광각으로 프레임을
구성하고 하늘과 구름의 디테
일을 살리기 위해 정 노출보
다 1~2스탑 어둡게 촬영한다.
건물과 교량 등을 실루엣으로
표현한다.

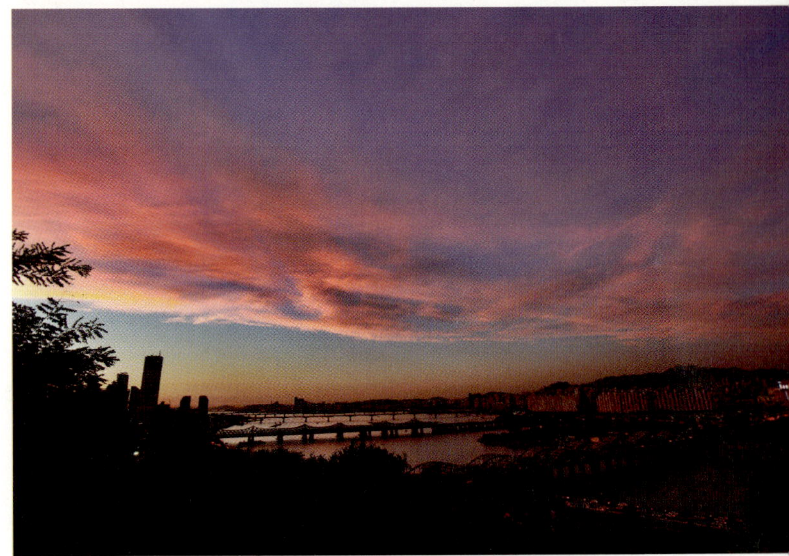

Canon EOS 5D Mark II | ISO 200 | F7.1 | 1/25sec | 17mm

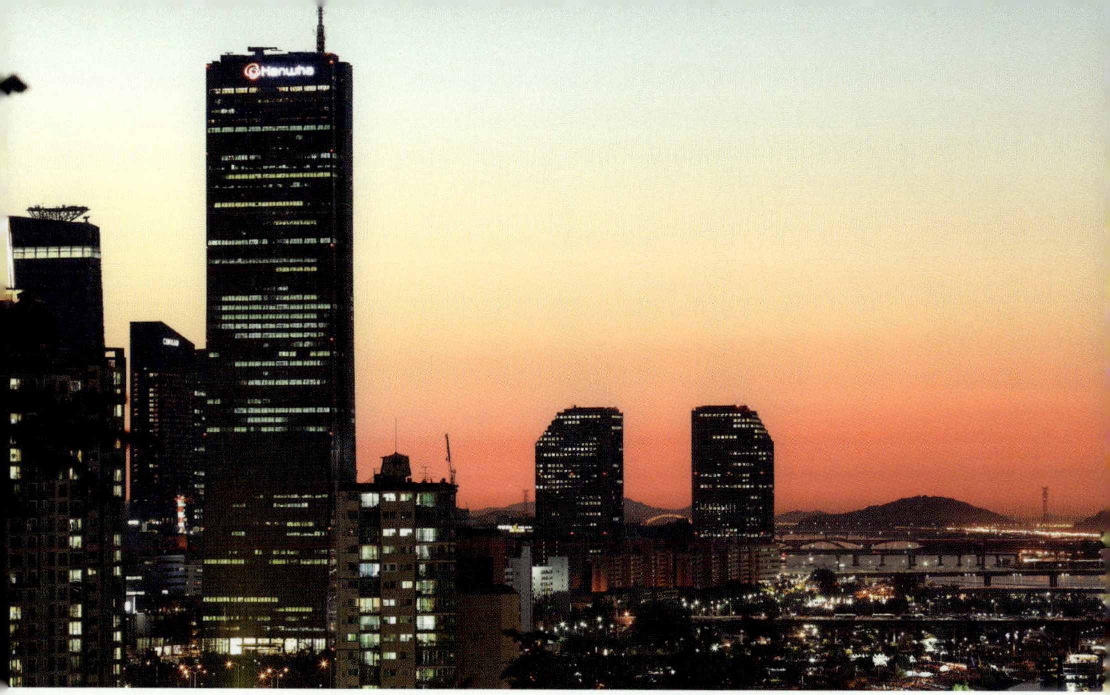

#4

같은 포인트에서 촬영한 사진일지라도 화각 구성에 따라 색다른 사진이 된다. 광각에서 작게 보이거나 실루엣으로 보였던 63시티를 망원 화각으로 담았다. 포인트 근처의 나무가 화각 안에 들어오므로 메인 피사체인 63시티를 최대한 좌측에 배치하고 쌍둥이 빌딩과 교량들이 포함되도록 촬영한다.

일몰 시 셔터속도의 확보가 어려우므로 반드시 삼각대와 릴리즈를 사용하여 촬영한다. 촬영 포인트의 바닥이 나무 데크라 진동에 민감하므로 촬영 후 미리 보기 상태에서 사진을 확대하여 흔들리지 않았는지 확인이 필요하다.

촬영 포인트 ▶ **찾아가는 길** 지하철 9호선 노들역 3번 출구로 나와 한강 변으로 150m 직진, 노량진 1동 현장민원실 앞에서 우회전하여 구립동작실버센터까지 직진한다. 실버센터를 지나 5분 정도 오르면 용봉정 근린공원을 찾을 수 있다. **내비게이션** 용봉정 근린공원, 서울 동작구 현충로2가길 **자가 정보** 골목길이 좁고 주차하기 어려우므로 대중교통을 이용 촬영 포인트가 나무 데크로 되어 있어 삼각대를 사용하더라도 흔들림에 민감하므로 사진이 흔들리지 않도록 신경 써야 한다. 용봉정에서는 여의도의 빌딩과 다리를 담거나 한강 동작대교 방향으로 촬영하되 다양한 화각으로 촬영한다.

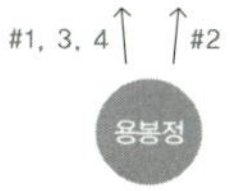

#1, 3, 4 ↑   ↑ #2

용봉정

006 꿈을 여행한 비행기의 아름다운 착륙
오쇠삼거리 비행기 궤적

비행기 사진을 촬영하다 보면 지친 삶을 벗어나 비행기에 몸을 싣고 여행을 가는 것 같은 대리만족을 느낄 때가 있다. 반짝반짝 빛나는 유도등을 따라 이착륙을 하는 비행기 궤적을 담아보자.

준비물 ▶ 광각줌렌즈(17~40mm), 표준단렌즈(35, 50mm), 삼각대, 유무선 릴리즈, 손전등, 모기약

일몰 이후에 비행기 궤적이 잘 보이기 때문에 삼각대는 필수다. 또한, 비행기가 빠르게 지나가기 때문에 유무선 릴리즈가 필요하다. 기상 상태와 활주로 상태에 따라 착륙지점이 달라지므로 참고한다. 주변에 민가와 가로등이 없어 손전등을 지참하고 여름에 찾을 때는 모기약을 챙기도록 한다.

촬영 길잡이 ▶ **난이도** 상 **계절** 사계절 **시간** 오후 8~10시 **포인트** 착륙하는 비행기 궤적

유도등을 뚜렷하게 표현하기 위해서는 뒤편에 위치한 동산에 올라 아래를 보고 촬영한다. 비행기 궤적을 충분히 표현하도록 조리개를 F11로 설정하여 셔터속도를 20초 정도 확보한다. 삼각대와 릴리즈를 이용해 촬영하고, 비행기가 머리 위를 지나갈 때 셔터를 눌러 비행기가 착륙이 되는 시점까지 담는다.

Canon EOS 5D Mark II | ISO 100 | F11 | 20sec | 50mm

NIKON D700 | 궤적합성

유도등이 있는 공항 방향이 아니라 뒤로 돌아 비행기가 날아오는 방향으로 촬영해보았다. 비행기의 궤적은 비행기의 종류마다 빛깔과 형태가 다른데 정면으로 날아오는 방향이 색과 궤적이 깔끔하게 담긴다. 조리개를 F4 정도로 개방해서 촬영해보자. 궤적이 파란색과 빨간색 형광펜을 긋는 것과 같이 진하게 담을 수 있다.

Canon EOS 5D Mark II | ISO 100 | F4.0 | 10sec | 50mm

포인트에서 옆 활주로로 착륙하는 비행기의 궤적을 담을 수도 있다. 현재 위치한 유도등 앞에서 1~2시간 정도 활주로가 바뀌기를 기다린다. 옆 활주로 촬영 시에는 광각렌즈보다는 표준렌즈와 망원렌즈를 사용하여 담는 것이 좋다.

Canon EOS 5D Mark II | ISO 100 | F10 | 13sec | 50mm

Canon EOS 5D Mark II | ISO 100 | F10 | 20sec | 40mm

#4

오쇠삼거리 유도등 앞에 도착하면 뒤쪽으로 낮은 언덕이 두 군데 있는데 이곳에서 촬영한다. 광각렌즈를 사용한다면 이처럼 넓은 형태로 구성할 수 있다. 주변에 특별한 피사체가 없으므로 유도등과 함께 비행기의 궤적을 담는다.
매뉴얼모드(M)나 벌브모드(B)로 두고 조리개는 F8~10, 셔터속도는 10~20초 내외로 설정한다. B모드를 사용하는 경우에는 노출시간을 계산하여 비행기가 지나가는 동안 셔터를 눌러준다.

촬영 포인트 ▶ **찾아가는 길** 오쇠삼거리에서 좌회전하면 밖오시에 도착한다. 밖오시를 지나 300m 정도 이동하면 좌측으로 대형차량이 주차되어 있다. 차를 이곳에 주차하고 더 들어가면 김포공항과 유도등이 한눈에 들어온다. **내비게이션** 밖오시(오쇠동 삼거리). 서울특별시 강서구 봉오대로527번길 **자가 정보** 근방 주차장에 주차

넓은 공터의 주차장에 차를 대고 김포공항과 유도등을 정면에 놓고 비행기가 착륙하기를 기다린다. 비행기의 착륙지점과 위치를 확인한 후 원하는 프레이밍과 각도로 촬영하면 된다. 첫 촬영 때는 비행기 착륙시간, 각도, 구도, 크기 등을 고려해서 30분 정도 미리 도착해서 카메라를 세팅하는 것이 좋다. 비행기는 5분에서 10분 정도 간격으로 대형여객기와 소형 여객기, 화물기 등이 번갈아 착륙한다.

Canon EOS 5D Mark II | ISO 100 | F1.2 | 1/800sec | 50mm

007

봉원사 연꽃축제는 규모는 작지만, 화분에 앙증맞게 피어있는 연꽃을 담기에 좋다. 또한, 사람이 붐비지 않아 고즈넉하고 아담한 분위기를 배경으로 연출할 수 있다.

준비물 광각줌렌즈(17~40mm), 표준단렌즈(35mm, 50mm), 망원줌렌즈(70~200mm), 삼각대 또는 모노 포드, 유무선 릴리즈, ND 필터(ND8~400), 앵글 뷰파인더

광각렌즈를 이용하여 봉원사 사찰의 전체적인 분위기와 연꽃 전경을 담는다. 봉우리가 예쁘게 벌어진 연꽃과 연꽃잎들이 어우러진 풍경은 35mm와 50mm 렌즈로 촬영하면 좋다. 연꽃이라는 단일 주제로 압축적인 느낌은 망원렌즈를 이용하여 촬영한다. 공간이 협소하기에 삼각대보다는 모노 포드를 권장하고, 태양 빛이 강렬한 오후 촬영 시 낮은 조리갯값을 사용하기 위해 ND 필터도 지참하도록 하자. 로우앵글로 촬영 시 자세가 어려울 경우는 앵글 뷰파인더를 이용하여 촬영하면 좋다.

촬영 길잡이 **난이도** 하 **계절** 7~8월경 **시간** 오후 2~6시 **포인트** 봉원사 연꽃

#1

35~50mm 표준 화각을 이용해 예쁘게 개화한 연꽃에 초점을 맞추고, 배경을 법당으로 구성하여 색 대비를 이루도록 촬영한다. 연꽃이라는 주제에 집중하도록 조리개는 F1.2~2.8 정도로 개방하며, 조리개 개방으로 인해 셔터속도가 1/40000이나 1/8000을 넘어서는 경우 ND 필터를 사용하여 렌즈로 들어오는 빛의 양을 감소시켜 촬영한다.

#2

아직 펴지지 않은 어린잎은 하트 모양으로 예쁘게 말려있다.

사진과 같이 하트 잎사귀만 강조해서 표현하고 싶다면 조리개를 F2~4로 개방하여 촬영한다. 하트의 모양이 하늘을 향하고 있으므로 촬영 시에 잎사귀와 수직이 되도록 촬영하는데 자신의 그림자가 피사체를 가리지 않도록 주의한다.

하트 잎사귀와 연잎 그리고 수면에 떠 있는 개구리밥까지 함께 표현하고 싶다면 표준단렌즈나 광각렌즈를 마운트하고 조리개우선모드(A)에서 조리개를 F6~10으로 조여서 촬영한다.

Canon EOS 5D Mark II | ISO 100 | F2.8 | 1/160sec | 50mm

#3

활짝 핀 연꽃도 아름답지만, 개화하지 않은 연꽃도 주변 풍경과 함께 담으면 아름답게 촬영할 수 있다. 연꽃 사이 관람로에 인물을 배치하여 뒷모습과 옆모습 등을 담아도 좋다.

마음에 드는 꽃봉오리가 있다면 조리개우선모드(A)에서 조리개를 F2~4로 개방하면 배경이 몽글몽글한 빛 망울로 표현되어 꽃봉오리를 더욱 강조할 수 있다.

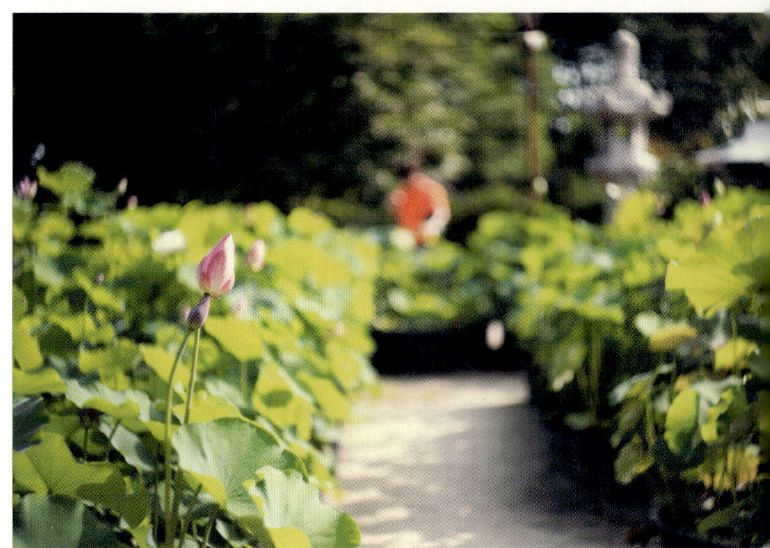

Canon EOS 5D Mark II | ISO 100 | F2.0 | 1/1250sec | 50mm

Canon EOS 5D Mark II | ISO 100 | F2.0 | 1/3200sec | 50mm

#4

연꽃이 태양을 바라보듯 아래서 담는 로우 앵글로 촬영했다. 취향에 따라 하단부에 플레어를 포함할 수도 있다.

매뉴얼모드(M)로 다이얼을 맞추고 조리개를 F1.2～2.8로 개방한 뒤 적정 노출보다 1～2스탑 노출 오버로 촬영한다. 셔터속도가 1/4000～1/8000초로 확보가 안 되는 경우 ND 필터를 사용하여 셔터 속도를 낮춰준다. 빛 망울이 배경을 살리도록 밝은 표준 단렌즈를 사용한다.

낮은 앵글로 자세유지와 촬영이 어려울 경우 삼각대를 이용하거나 앵글 뷰파인더를 사용한다.

촬영 포인트 ▶ **찾아가는 길** 신촌역에서 7024번 버스를 타면 안산 자락에 자리 잡고 있는 봉원 사를 찾아갈 수 있다. **내비게이션** 봉원사. 서울특별시 서대문구 봉원동 산 **자가 정보** 버스 종점 인 유료 주차장에 주차

7월 말에서 8월 초에 개화한 연꽃과 사찰 풍경을 담는데, 대웅전 앞마당을 중심으로 주변을 거닐면 서 촬영한다.

45

008

'이대 모세의 기적'이라 불리는 이대의 명물 ECC는 독특한 외관을 자랑한다. ECC 주변의 본관과 대학원 건물들은 고딕양식으로 마치 외국 주거지역의 사진을 담는 느낌이 든다.

준비물 ▶ 광각줌렌즈(17~40mm), 표준단렌즈(35mm, 50mm), 망원렌즈(100~200mm), 삼각대, 유무선 릴리즈, 손전등. 핫팩

광각렌즈로 이대와 주변 건물을 담고 표준단렌즈로 주변 건물을 배제하고 ECC만 프레임으로 구성하여 촬영한다. 망원렌즈로는 ECC 확대 사진과 학교 건물을 담는 데 사용한다. 야경 촬영이므로 삼각대와 릴리즈는 필수이고, 옥상이 어두우므로 손전등도 필요하다.

촬영 길잡이 ▶ **난이도** 중 **계절** 사계절 **시간** 오후 5~8시 **포인트** 이화여대 ECC 야경

Canon EOS 5D Mark II | ISO 100 | F7.1 | 20sec | 50mm

#1

ECC의 내부를 입체적으로 표현하기 위해 옥상에서 촬영하였다. 촬영 포인트는 이대역 앞에 위치한 에스에이피엠 건물 옥상이다. 옥상의 담 높이는 130cm 정도로 낮아 촬영하는데 큰 어려움이 없지만, 담의 두께가 넓지 않아 담에 올려놓고 촬영하기는 어렵다. 화각은 40∼50mm를 활용하면 좋으며, 40mm 이하의 광각렌즈로 촬영하면 주 피사체인 ECC가 너무 작게 표현되며 상가 건물들이 프레임 안으로 들어와 주제에 대한 집중이 떨어진다.

촬영 방법은 M모드에서 조리개를 F7.1에 셔터속도를 20초 정도로 설정하고 촬영하며, 옥상에 바람이 많이 불어 사진이 흔들리는 경우에는 삼각대의 훅에 가방 등 무게가 나가는 짐을 걸어 놓아 카메라의 흔들림을 방지하면 좋다.

야경 촬영 전 이대 캠퍼스의 주경 및 일몰 풍경을 담았다. 이대 정문 앞 주변
에 방해물이 많아 정문을 하단에 걸치게 하고, 30〜50mm 내외의 화각으로
촬영한다. 하늘과 구름을 프레임 내에 포함해 하단 빽빽한 건물들로부터 주
의를 환기시키는 방법도 좋다.

일몰 촬영 시 조리개우선모드(A)로 조리개를 F7〜10으로 조여 촬영한다. 이때
광량이 충분하지 않아 셔터속도 확보에 어려움이 있으면 삼각대를 이용한다.
일몰의 태양광을 극대화하기 위해 사용자 화이트밸런스로 설정하고, 캘빈 값
을 7000〜8000K 정도로 설정하면 붉은 느낌의 일몰 풍경을 촬영할 수 있다.

Canon EOS 5D Mark II | ISO 100 | F6.3 | 1/200sec | 40mm

Canon EOS 5D Mark II | ISO 400 | F8.0 | 8sec | 135mm

#3

망원렌즈를 이용하여 ECC의 상세한 부분 컷을 담았다. 망원렌즈로 ECC를 담으면 산책로의 불빛이 빛 갈라짐으로 표현되어 좀 더 밝고 화려한 분위기를 연출한다.

조리개우선모드(A)로 설정하고 조리개를 F7~10 정도로 조인다. 노출은 ECC의 디테일이 날아가지 않는 선에서 최대한 밝게 찍도록 한다. ECC 내부는 밝지만, 산책로와 학교 건물들은 어두운 편이기에 후보정시 노출을 다르게 적용한 2장의 사진을 촬영하여 어두운 부분을 밝게 하는 방법을 이용하면 좋다.

옥상에서 촬영을 마치고 이대 안으로 들어가 ECC와 뾰족한 지붕의 고딕건축을 한 화면에 담아본다. 광각렌즈를 사용해도 좋고 표준렌즈를 사용해도 좋다.

조리개를 조이면 산책로의 등불에서 빛 갈라짐이 발생하므로 조리개우선모드(A)에서 조리개를 F7~10으로 설정한다. 촬영 시 사람이 지나가더라도 셔터속도를 8~15초를 주면 사람의 흔적은 남지 않으므로 과감하게 촬영한다. 사람이 없는 깔끔한 사진도 좋고 사람이 이동한 궤적이 남은 사진도 좋다.

유의사항은 사진의 수평을 맞추는 데 집중을 하도록 한다. 수평이 기울어져 있으면 적정 노출로 촬영된 사진이라도 불편한 느낌이 들기 때문이다. ECC 바닥을 기준으로 수평을 잘 맞추고 촬영한다.

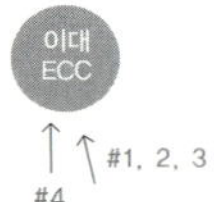

Canon EOS 5D Mark II | ISO 400 | F7.1 | 10sec | 40mm

Canon EOS 5D Mark II | ISO 100 | F1.2 | 1/1600sec | 50mm

다른 촬영 포인트와 다르게 무게감 있고 진중한 느낌을 촬영할 수 있는데 그중 최고의 장소는 전사자명비가 아닐까 한다.

준비물 ▶ 광각줌렌즈(17~40mm), 광각단렌즈(14mm, 24mm 등), 표준단렌즈(35mm, 50mm), 삼각대, 유무선 릴리즈

광각렌즈와 표준렌즈로 전사자명비의 X자형 구도를 담아보자. 광각렌즈는 왜곡 효과로 구도를 극대화 시킬 수 있고, 표준렌즈는 왜곡 없이 깔끔한 구도로 담아낼 수 있다. 삼각대를 이용하여 UFO 같은 전쟁기념관 메인홀의 천장을 담아보는 것도 좋다.

촬영 길잡이 ▶ **난이도** 중 **계절** 사계절 **시간** 10~18시 **포인트** 전쟁기념관 전사자명비

#1

전쟁기념관 평화의 광장 좌우에 있는 전사자명비로 검은색 명비와 흰 대리석이 나란히 배치되어 균형이 갖추어진 구도의 사진을 담을 수 있다. 50mm 표준 화각으로 촬영하면 좌우의 전사자명비를 담을 수 있고, 30~40mm 화각으로 촬영하면 바닥과 천장까지 담을 수 있다.

조리개우선모드(A)로 조리개를 F1.2로 개방하여 인물에게 초점을 맞추고 촬영한다. 조리개를 개방하였으나 초점거리가 멀기에 배경 흐림은 거의 발생하지 않는다. 바닥의 재질이 거울처럼 반영되는 재질은 아니지만, 전사자명비를 둘러보는 관람객과 검은 비석의 효과를 극대화하기 위해 후보정을 통해 흑백으로 전환하고 뒤집어 합성했다.

Canon EOS 5D Mark II | ISO 100 | F14 | 1.6sec | 19mm

전쟁기념관 홀에 입장하여 천장을 바라보면 빛이 들어오는 주위로 태극 모양의 고리가 있고 주변으로 조명이 빛나고 있다. 바닥에서 위를 보고 촬영하면 UFO와 같은 장면을 담을 수 있다. 17mm 이상의 광각렌즈를 이용하여 전체적인 모습을 담도록 하자.

촬영 시 조리개우선모드(A)로 설정하고 조리개를 F7~10으로 조여서 촬영한다. 유선 릴리즈를 이용해 촬영하면 편리하고, 만약 없다면 타이머 셔터로 촬영한다. 렌즈에 따라서 빛 갈라짐의 효과가 다른데 날카롭게 발생하는 빛 갈라짐을 얻기 위해서는 광각 단렌즈를 이용한다.

촬영 포인트 **찾아가는 길** 지하철 4호선, 5호선 삼각지역 1번 출구 도보로 15분 **내비게이션** 전쟁기념관, 서울특별시 용산구 이태원로 29 **자가 정보** 전쟁기념관 주차장 이용

전쟁기념관 전사자명비, 전쟁기념관 홀 천장, 3층 전차전시실 등으로 이동하며 자신만의 포인트를 찾아 촬영한다.

#3

전쟁기념관 3층의 전차전시실에 창문을 통해 빛이 들어오는 장소가 있다. 은은한 초록빛을 배경으로 그림자까지 비치는 실루엣을 촬영한다.

배경의 뭉개짐을 위해 광각렌즈와 표준렌즈를 이용하여 조리개를 F2.8~4로 설정하고, 인물은 실루엣이 되도록 셔터속도를 설정한다. 실내가 어두워 셔터속도가 확보되지 않는 경우는 ISO를 200~800까지 올려도 좋다.

실루엣 촬영 시 피사체의 배치는 창문틀과 창문틀 사이에 위치하도록 한다. 만약 인물이 창문틀과 겹치면 인물이 창문틀에 꿰뚫리는 불쾌함을 느낄 수 있다.

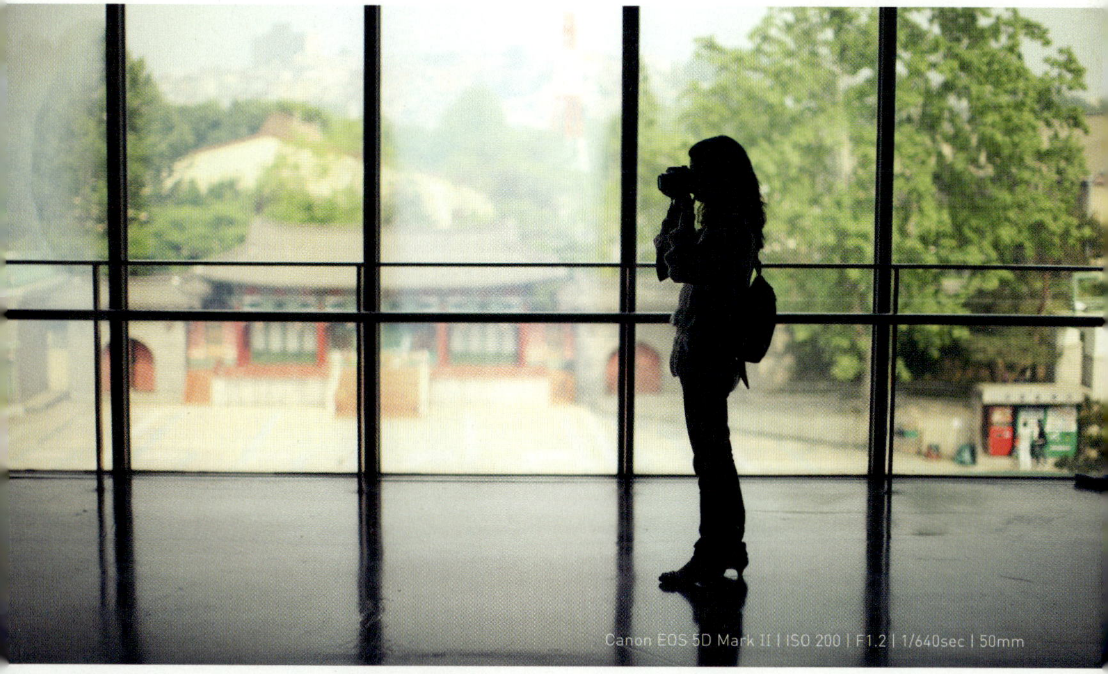

Canon EOS 5D Mark II | ISO 200 | F1.2 | 1/640sec | 50mm

010 조선으로 가는 타임머신 광화문 분수

한여름 광화문 광장에는 이순신 장군 동상을 중심으로 좌우에 분수 쇼가 펼쳐진다. 분수의 시원한 물보라를 맞으며 더위를 식히는 아이들의 천진난만한 모습과 동상의 늠름한 모습을 담아본다.

준비물 광각줌렌즈(17~40mm), 표준단렌즈(50mm), 삼각대, 유무선 릴리즈, 크로스 필터, ND 필터

광각렌즈를 이용하여 이순신 장군 동상을 중심으로 로우앵글로 담아본다. 해가 지면 셔터속도 확보에 어려움이 있으므로 삼각대와 릴리즈가 필수다. 크로스 필터를 사용하면 주변 가로등의 빛 갈라짐을 아름답게 담을 수 있다.

촬영 길잡이 난이도 중 **계절** 6~8월경 **시간** 오후 5~8시
포인트 광화문 분수

분수 가동시간 정시에 가동해서 50분간 가동, 10분 정지됨
4~5월, 9~10월 10:00~19:50
6~8월 10:00~20:50

좌우의 분수를 X자 구도의 프레임으로 구성하기 위해 이순신 장군 동상의 정 중앙에 자리를 잡는다. 분수가 가동되는 여름이면 물에 비친 동상의 반영까지 광각렌즈를 이용하여 한 번에 담아낼 수 있다.

조리개우선모드(A)로 조리개를 F16으로 조여 전체적으로 선명하게 담아낸다. 촬영 시 주의할 점은 조명으로 인해 상대적으로 밝은 이순신 장군 동상과 분수의 빛이 노출 오버되어 하얗게 날아가지 않도록 주의한다. 또한, 사람의 이동이 빈번한 곳이므로 주의해 촬영한다.

NIKON D700 | ISO 200 | F16 | 8sec | 24mm

Canon EOS 5D Mark II | ISO 100 | F13 | 12sec | 21mm

#2

이순신 장군 동상 주변의 높은 고층빌딩을 담을 수 있는데, 동상
과 높은 빌딩들로 이루어진 광화문 거리가 상당히 대조적이다.
동상의 뒤편에서 촬영한다. 조리개우선모드(A)로 조리개를 F13 정
도로 설정하고, 이순신 장군 동상이 무겁고 진중한 느낌이 들도록
한 스탑 언더로 촬영하면 좋다. 광각렌즈로 촬영하는데 동상을 중
심에 두고 삼각대의 다리를 짧게 펴 아래에서 위로 촬영하는 로우
앵글을 이용해 웅장하게 촬영한다.

6~8월경 광화문 야경 촬영 전 낮에 방문하면 분수 사진을 촬영할 수 있다. 분수 속에서 뛰어노는 아이들의 순수한 모습을 담는 것도 좋고, 대리석 위 물에 비친 아이들의 반영을 담아도 좋다.
적절한 아웃포커싱을 위해 표준화각 단렌즈를 사용하거나 광각렌즈를 사용한다. 뛰어다니는 아이들을 흔들림 없이 잡기 위해 조리개우선모드(A)에서 셔터속도를 1/1000 이상 확보하여 깔끔하게 담는다.

Canon EOS 5D Mark II | ISO 320 | F1.2 | 1/1250sec | 50mm

NIKON D700 | ISO 200 | F16 | 20sec | 24mm | EV 0

 #4

광화문 분수의 가동시간이 끝난 직후는 사람들이 잠시 사라진다. 이때를 놓치지 말고 이순신 장군 동상의 반영과 주위 야경을 함께 담는다. 주변 빌딩들의 불빛이 보이려면 늦은 시간이 좋고, 밝은 느낌을 촬영하려면 이른 저녁이 좋다. 광장 좌우로 다니는 차량의 궤적을 담아야 하므로 셔터속도는 15~20초 정도 설정하고, 조리개는 가로등 불빛이 갈라질 수 있도록 F16 정도로 설정한다.

촬영 포인트 ▸ **찾아가는 길** 광화문역 7번 출구 도보로 1분 **내비게이션** 광화문역, 서울특별시 종로구 세종로 1-57 **자가 정보** 주차가 어려우므로 대중교통 이용

많은 관광객과 사람들이 와서 촬영하므로 분수 가동시간이 시작되기 전에 도착해 자리를 잡는 것이 좋다.

Canon EOS 5D Mark II | ISO 100 | F8.0 | 20sec | 20mm | 궤적합성

출퇴근 시간 꽉 막힌 오거리에는 수많은 차량의 배기가스와 소음 그리고 지친 직장인의 발걸음이 존재한다. 어둠이 짙어지면 차들과 소음은 궤적 만이 남는 빛의 세계로 변화한다.

준비물 광각줌렌즈(17~40mm), 표준줌렌즈(24~70mm), 망원 줌렌즈(70~200mm), 삼각대, 유무선 릴리즈, 인터벌 릴리즈, 크로 스 필터, 그러데이션 필터.

공덕 오거리를 빌딩과 함께 광각렌즈로 담아보자. 망원렌즈는 공 덕 오거리의 구석구석 풍경을 담을 수 있다. 일몰 시 그러데이션 필터는 지상과 하늘의 노출 차를 최소화하고, 크로스 필터는 빛 갈라짐의 극적인 효과를 줄 수 있다. 별 궤적 촬영을 위해서는 인 터벌 릴리즈로 촬영한다.

촬영 길잡이 **난이도** 상 **계절** 사계절 **시간** 일몰 후 밤시간 **포인트** 공덕 오거리 자동차 궤적

#1

조리개는 F7 이상. 셔터속도는 10~20초로 촬영하는데 유선 릴리즈를 사용하면 편리하다. 신호 별로 여러장을 촬영하고 후보정을 통해 궤적을 합성한다.

바람으로 인해 렌즈캡, 필터. 카메라 등이 떨어질 수 있으므 로 캡과 필터 등은 캡과 필터 등은 교체 후에 바로 주머니나 가방에 넣고 카메라는 낙하 방지를 위해 스트랩을 잡고 촬 영한다.

Canon EOS 5D Mark II | ISO 100 | F8.0 | 20sec | 50mm | 궤적합성

#2

표준줌렌즈를 이용해 오거리의 확대 모습을 담았다. 사진
과 같이 오거리의 모든 구간을 궤적으로 담기 위해서는,
각 신호 별로 촬영하고 후보정으로 여러 사진을 합치는
것이 좋다. 만약 카메라에 다중 노출 기능이 있다면 그 기
능을 이용해 촬영한다.
촬영모드를 벌브모드(B)에 놓고 조리개 F6~9로 설정하
고, 원하는 만큼 셔터를 개방한다.

#3

오거리에 위치한 고층빌딩과 석양을 담아보자. 조리개우
선모드(A)로 F9 이상 설정하고, 하늘의 석양이 노출 오버
되지 않도록 셔터속도를 선택해 촬영한다.

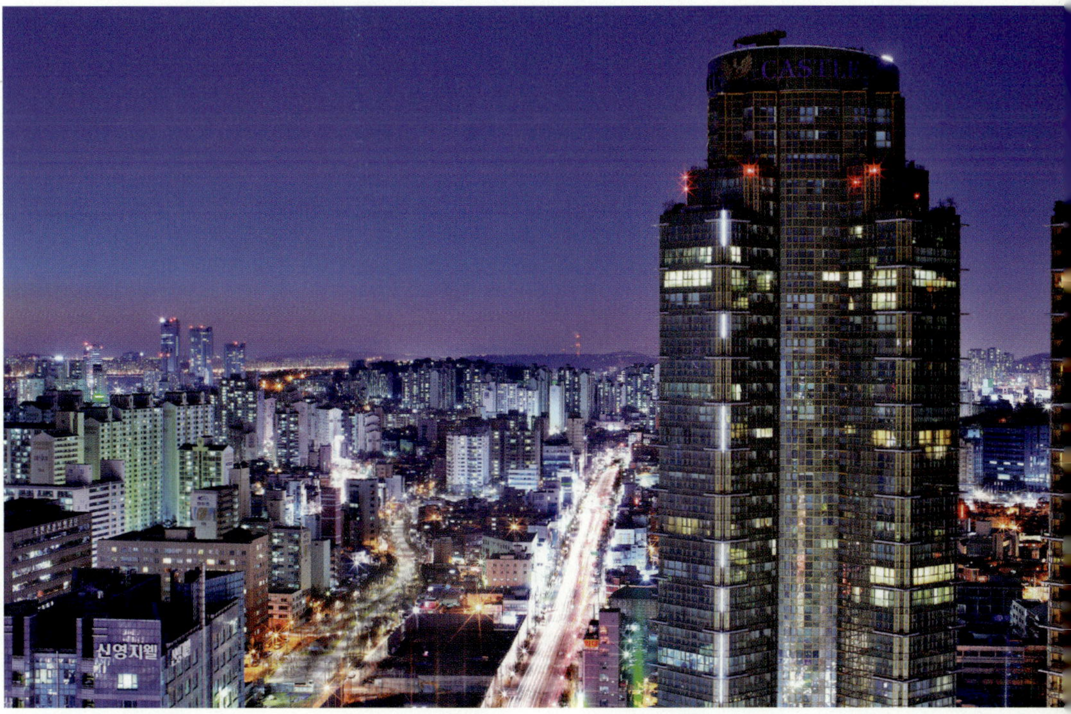

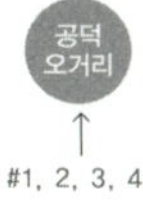

Canon EOS 5D Mark II | ISO 100 | F13 | 15sec | 50mm

촬영 포인트 **찾아가는 길** 공덕역 6번 출구에서 나와 도보로 2분 이동해 메트로디오빌 옥상으로 간다. **내비게이션** 메트로디오빌(공덕역), 서울특별시 마포구 백범로 199 **자가 정보** 주차가 어려우므로 대중교통을 이용한다.

공덕역에 위치한 메트로디오빌 건물 옥상이 촬영 포인트다. 지하철 5호선과 6호선, 경의선과 공항철도가 있어 대중교통으로 쉽게 접근할 수 있다. 옥상은 담이 높고 폭이 넓기에 삼각대를 펼쳐서 촬영하기 어렵다. 삼각대의 단을 최소로 하여 넓은 담 위에 올리거나 소형 삼각대를 사용한다.

공덕 오거리

↑

#1, 2, 3, 4

012 불야성의 도심 야경 속
전통건축물
흥인지문(동대문)

동이 터오는 동쪽 하늘을 보며, 도성의 동쪽 대문, 흥인지문을 바라보던 옛사람들은 불야성을 이루는 고층빌딩의 화려한 불빛과 자동차 궤적을 상상할 수 있었을까.

준비물 광각줌렌즈(17~40mm), 표준줌렌즈(24~70mm), 삼각대, 유무선 릴리즈.

화각의 제약상 50mm 이상의 렌즈로는 담기가 어려우니 광각렌즈를 사용하여 담는다. 셔터속도의 확보를 위해 삼각대를 사용하고, 차량 궤적의 깔끔한 표현을 위해 릴리즈를 사용한다.

촬영 길잡이 **난이도** 상 **계절** 사계절 **시간** 오후 7~9시
포인트 흥인지문(동대문) 야경

Canon EOS 5D Mark II | ISO 100 | F16.0 | 15sec | 17mm | 궤적합성

#1

흥인지문(동대문) 뒤편으로 야경 피사체가 부족해 흥인지문(동대문)과 차량 궤적을 담는
다. 17mm의 화각으로 넓게 촬영하는데 사진 하단의 대상들이 지저분하게 보이면 20mm
정도로 촬영한다. 충분한 차량 궤적을 표현하기 위해 매뉴얼모드(M)로 조리개를 F16, 셔
터속도를 15초로 촬영한다. 15초로 모든 방향의 자동차 궤적을 촬영할 시간이 부족하므
로 방향별 궤적을 촬영하고 나중에 합성한다.
흥인지문(동대문)은 혼잡구간이어서 차량이 정차된 경우가 많으므로 퇴근 시간을 피해
촬영한다.

Canon EOS 5D Mark II | ISO 100 | F16.0 | 15sec | 17mm

촬영 거리의 제약상 광각줌렌즈(17~40mm)를 이용해 촬영한다. 프레임 구성 시 사거리가 전체적으로 나오는 것도 좋고, 하단부를 잘라 흥인지문(동대문)을 강조하는 방법도 좋다. 흥인지문(동대문)의 차량 궤적을 한 방향의 흐름만 담았다.

촬영 방법은 조리개우선모드(A)나 벌브모드(B)를 이용하고 ISO 100, F4~9로 설정한다. 한 방향의 깔끔한 촬영을 위해 릴리즈를 사용하면 촬영 도중 신호가 바뀌어 궤적이 섞이는 문제를 간단하게 해결할 수 있다.

Canon EOS 5D Mark II | ISO 100 | F1.2 | 1/15sec | 50mm

#3

차량 불빛이 빛 망울로 표현되는 보케사진을 담아보자. 광각렌즈보다는 표준줌렌즈를 이용하면 큰 빛 망울을 만들 수 있다. 프레임을 구성한 뒤에 초점을 MF로 맞추고 초점 링을 돌려가며 흥인지문(동대문)과 차량 불빛이 사진과 같이 빛 망울로 변하게 설정한다. 빛 망울의 크기는 조리갯값이 낮을수록 커지므로 F1.8~4 사이로 설정하며, 빛 망울 형성 시에 다채로운 색을 위해 버스와 가로등 및 추가 조명까지 담는다.

촬영 포인트 **찾아가는 길** 동대문역 4호선 10번 출구로 나와 도보로 2분 이동 후 금자탑학원 옥상에서 촬영한다. **내비게이션** 동대문역 금자탑학원, 서울특별시 종로구 종로 273-1 **자가 정보** 주차가 어려우므로 대중교통 이용

흥인지문(동대문) 주변으로 옥상에서 촬영할만한 높은 장소는 흥인지문(동대문) 플라자와 금자탑 학원이다. 금자탑학원 옥상에서 철골구조물 위로 올라가야 한다.

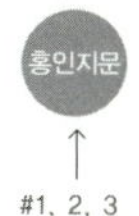

013 빛깔 고운 궁궐 창경궁

창경궁은 봄과 가을이면 많은 사람이 꽃구경, 단풍구경을 위해 찾는 아름다운 궁궐이다. 뿐만 아니라 여유로움과 넉넉함, 소박함을 느낄 수 있는 궁궐이다. 위압적이지 않으면서 많은 사람으로 북적이지 않는 곳, 빛깔 고운 옛 전각과 자연의 아름다움을 고스란히 보여주는 창경궁은 아름다운 촬영지로 손색이 없는 곳이다.

준비물 광각줌렌즈(17~35mm), 표준줌렌즈(24~70mm), 편광 필터, 그러데이션 필터
서울대학교암병원에서 서쪽의 창경궁을 마주하고 촬영하게 되므로 편광 필터나 그러데이션 필터 등이 있으면 햇빛이나 노출 값 차이를 극복할 수 있다. 창경궁의 전각만을 화면 가득히 담고 싶다면 35~40mm의 화각으로, 창경궁 전각을 포함해 넓은 창경궁과 주변 풍경을 함께 담고 싶다면 15mm 정도의 화각이 필요하다.

촬영 길잡이 **난이도** 중 **계절** 사계절 **시간** 해 질 무렵 **포인트** 창경궁 전각

#1

창경궁을 내려다보며 거의 모든 전각을 한 화면에 촬영할 수 있는 포인트로 서울에서도 궁궐을 한눈에 살펴볼 수 있는 장소, 그것도 정문을 마주하며 바라볼 수 있는 보기 드문 장소이다. 사진을 촬영한 장소는 서울대학교암병원 5층 테라스다. 서쪽을 바라보며 촬영하므로 해가 서쪽에 떠 있는 시간을 피하거나 편광 필터, 그러데이션 필터를 끼우고 촬영해도 좋다. 렌즈 화각은 표준줌렌즈(24~70mm)면 충분하다.

NIKON D700 | ISO 200 | F10 | 1/125sec | 70mm | EV 0

#2

서울대학교암병원 2층에서 촬영한 사진으로 배경이 되는 창경궁에 노출 값을 맞추어 사람들을 실루엣으로 촬영한 것이다. 노출 값을 창경궁에 맞추어야 하므로 카메라의 촬영모드를 매뉴얼모드(M)로 놓고 촬영하는 것이 좋다. 사람들이 실루엣으로 어둡게 나오고 창경궁 전각은 적정 노출로 나와야 하므로 일몰이나 맑은 날 등 밖의 빛의 양이 충분할 때가 좋다.

#3

전각은 물론 넓은 숲과 나무들, 멀리 인왕산까지 프레임 안에 담은 사진이다. 5층 테라스에서 촬영한 사진으로 24mm의 화각으로도 시야를 넓게 촬영할 수 있다. 더 넓은 화각으로 촬영하면 주변 풍경이 많이 담겨 창경궁 전각이 주목받지 못하는 경우가 있다. 먼 곳까지 선명하게 담아야 하므로 조리갯값은 F8 이상으로 설정한다.

NIKON D700 | ISO 200 | F10 | 1/125sec | 24mm | EV 0

촬영 포인트 **찾아가는 길** 창경궁. 서울대학교병원행 버스 이용(정류장 번호 01-002) **내비게이션** 서울대학교암병원,
서울특별시 종로구 대학로 101(연건동 28) **자가 정보** 유료로 이용할 수 있는 서울대학교 병원 주차장 또는 암병원 지하주차
장을 이용한다.

창경궁 맞은편에 있는 서울대학교암병원을 찾아간다. 3층. 5층. 6층은 테라스에서 촬영하고, 2층.
4층은 넓은 유리창 너머 창경궁을 촬영하거나 실루엣으로 촬영한다. 층마다 높이에 따라 달라지
는 창경궁의 모습을 촬영할 수 있으며, 렌즈의 화각 넓이에 따라 창경궁 전각만 촬영하거나 왼쪽
으로 남산. 오른쪽으로 백악산 등을 함께 촬영해도 좋다. 병원이므로 업무에 방해되지 않도록 주
의한다.

014

남대문(숭례문) 야경

5년 동안의 복원을 마친 남대문(숭례문)을 담기 위해 옥상에 올랐는데 담벼락 너머로 보이는 남대문(숭례문)과 주변 풍경의 모습에 입을 다물 수가 없었다. 높은 고층 빌딩 속에 화려한 조명의 빛을 받으며 굳건히 자리하고 있는 남대문(숭례문)에 복원을 축하하는 다색의 차량 궤적이 꽃다발처럼 걸려있는 듯하다.

준비물 ▶ 광각줌렌즈(17~40mm), 삼각대, 유무선 릴리즈
남대문(숭례문)과 주변 건물들을 최대한 웅장하게 표현하기 위해 광각렌즈를 이용해 담는다. 담벼락이 높아서 높은 삼각대가 필요하다.

촬영 길잡이 ▶ **난이도** 중 **계절** 사계절 **시간** 오후 7~9시 **포인트** 남대문 야경과 자동차 궤적

도심 빌딩의 선명한 모습과 가로등 불빛의 빛 갈라짐을 위해 조리개는 F8 이상으로 설정하고 여러 방향의 자동차 궤적을 각각 10초 정도의 노출로 촬영한다. 방향별로 촬영된 여러 장의 차량 궤적 사진을 합치면 다양한 방향과 색상의 자동차 궤적 사진을 완성할 수 있다.

Canon EOS 5D Mark II | ISO 100 | F9.0 | 10sec | 17mm | 궤적합성

Canon EOS 5D Mark II | ISO 100 | F8.0 | 10sec | 17mm | 궤적합성

Canon EOS 5D Mark II | ISO 100 | F9.0 | 11sec | 21mm

#2

바닥에서 고층건물과 함께 남대문(숭례문)을 담아보자. 서울역 4번 출구 롯데카드 본사를 우측에 두고 남대문(숭례문)을 바라보면, 대한상공회의소와 신한은행 건물을 배경으로 촬영할 수 있다.

촬영 방법은 ISO 100, F6~9, 셔터속도는 9~11초로 담아보자. 주말에는 빌딩의 조명이 부족하므로 화려하게 담고 싶다면 주중에 담는 것이 좋다.

#3

고층건물과 남대문(숭례문)에 자동차 궤적을 포함할 수 있는 포인트다. 촬영 장소는 남대문(숭례문) 입구이며 남대문 울타리 밖에서 삼각대로 촬영할 수 있다.

촬영방법은 ISO 100, F6~9, 셔터속도는 노출이 지나치지 않는 선에서 최대한 길게 담는다. 신호에 따라 차량이 많이 지나갈 때 길게 담아주면 일반 승용차의 노란 불빛뿐만 아니라 버스의 붉은색, 파란색, 녹색 궤적도 함께 담을 수 있다. 건물의 웅장함을 표현하기 위해 로우앵글로 촬영한다.

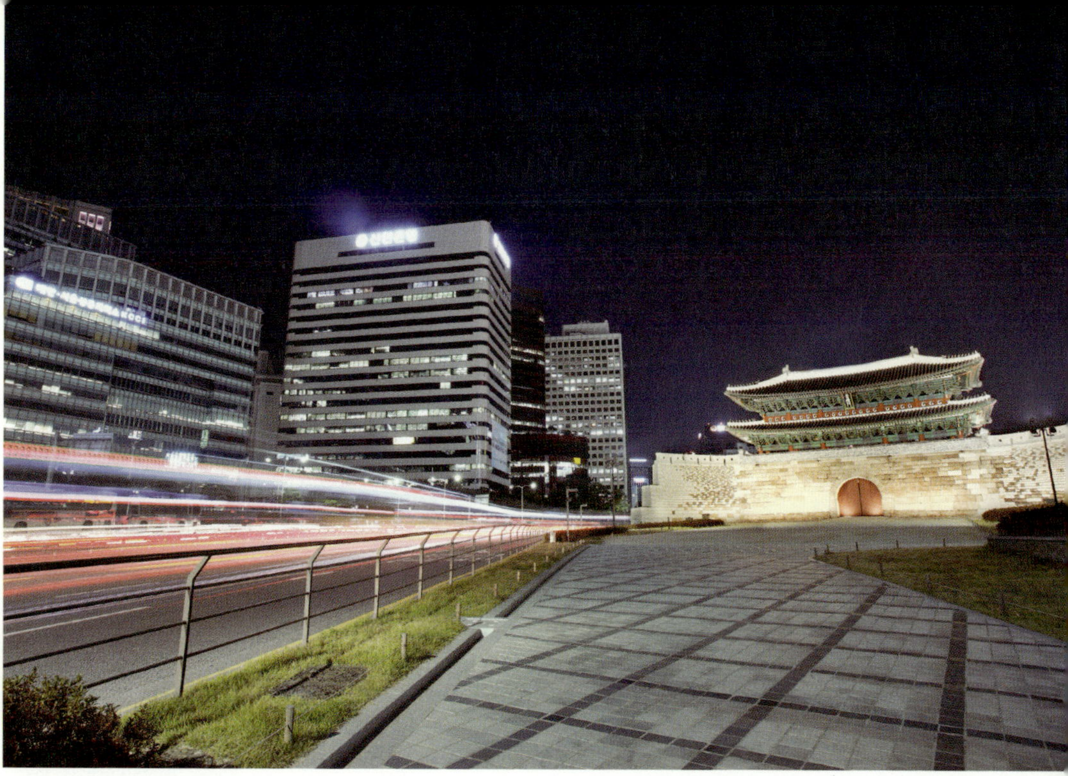

Canon EOS 5D Mark II | ISO 100 | F10 | 14sec | 20mm

촬영 포인트 **찾아가는 길** 서울역 4번 출구로 나온 후 사거리의 국민은행 앞으로 이동한다. **내비게이션** 남대문(숭례문), 서울특별시 중구 남대문로4가 **자가 정보** 주차가 어려우므로 대중교통 이용

숭례문광장 끝 부분에서 남대문(숭례문)을 정문으로 바라본 후 숭례문과 서울N타워, 도심빌딩, 숭례문 앞을 지나는 자동차 궤적을 촬영하고, 숭례문 안쪽 사거리의 국민은행 앞에서는 도심빌딩과 숭례문 옆을 지나는 자동차 궤적을 크고 임팩트 있게 촬영할 수 있다.

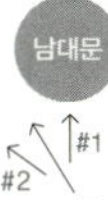

015 코스모스 한들한들 피어 있는 길
고잔역 협궤선로 철길

가을의 전령사 코스모스가 가을의 초입에 들어섰음을 알려주었을 때 고잔역 협궤선로에 가자. 녹슬어 있는 구 수인선 협궤선로를 따라 걷다 보면 앙증맞은 물웅덩이와 코스모스들이 고개를 어여쁘게 내밀고 있다.

준비물 ▶ 광각줌렌즈(17~40mm), 표준단렌즈(50mm), 망원줌렌즈(70~200mm), 삼각대, 유무선 릴리즈, 그러데이션 필터, 편광 필터

광각렌즈와 표준렌즈, 망원렌즈 모두 어울리는 장소다. 광각렌즈를 이용하여 4호선 교량과 코스모스 전경을 담을 수 있고, 표준렌즈를 이용하여 아웃포커싱된 풍경을 담을 수 있다. 또한, 망원렌즈로 코스모스 꽃밭을 빛 망울 처리하고, 인물 사진을 촬영하면 어느 장소든 멋진 포인트가 될 수 있다. 파란 가을 하늘을 살리기 위해 편광 필터를 이용하면 좋고, 그러데이션 필터를 이용하여 노을을 멋지게 표현할 수도 있다.

촬영 길잡이 ▶ **난이도** 하 **계절** 늦여름~가을(8~10월) **시간** 오후 2~6시 **포인트** 고잔역 협궤선로 코스모스

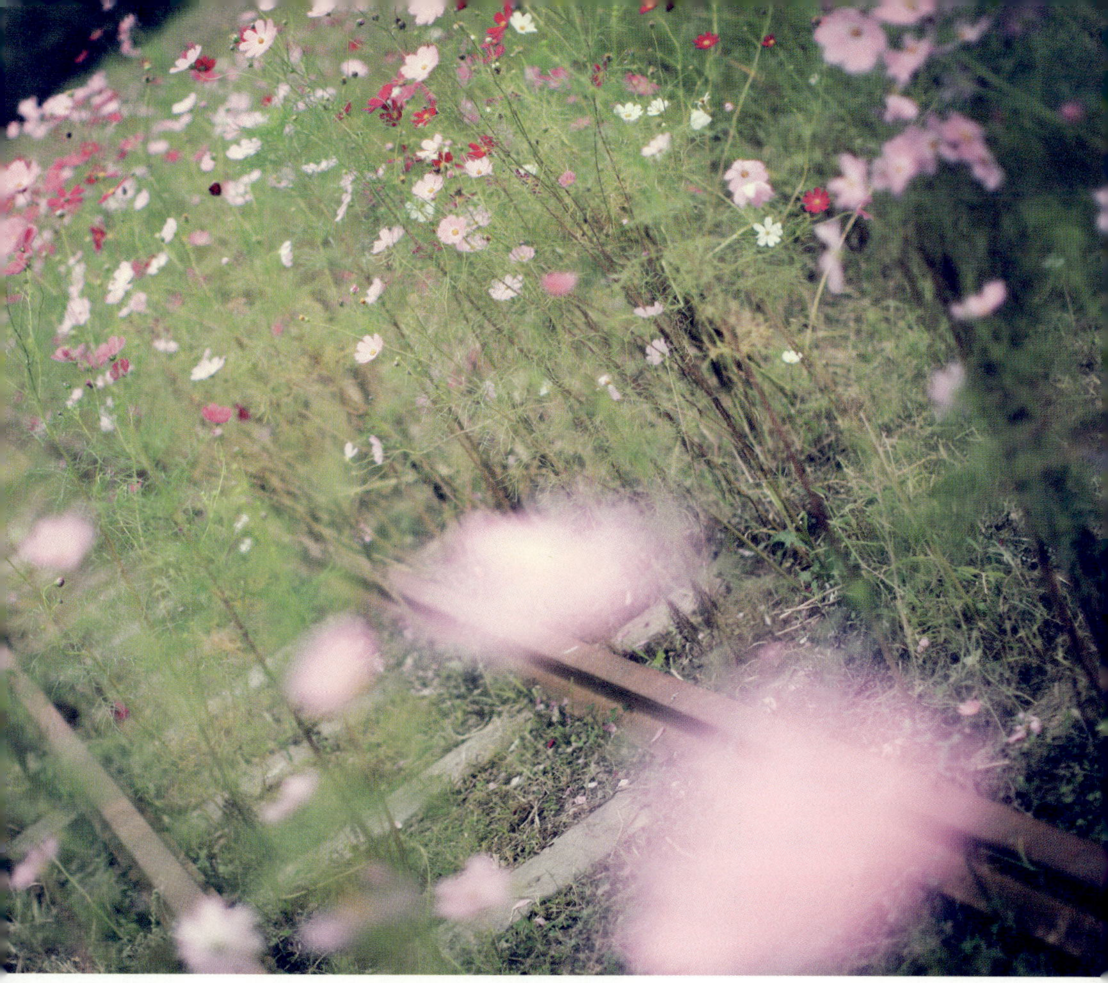

Canon EOS 5D Mark II | ISO 200 | F1.2 | 1/3200sec | 50mm

#1

가을과 감성이 만나는 곳, 코스모스와 협궤선로를 동시에 촬영할 수 있는 감성 포인트다. 코스모스 사이로 아련하게 뻗어 나가 있는 철로를 표현하였다. 아련하고 동화 같은 분위기를 연출하기 위해 조리개를 F1.2로 최대 개방하여 아웃포커스로 촬영한다.

코스모스와 철길 멈춤 표시기를 표준렌즈와 망원렌즈로 담아보자. 망원렌즈는 공간을 압축적으로 표현해 배경은 흐려지고 피사체를 돋보이게 하는 장점이 있다. '멈춤'에 초점을 맞추고 조리개를 F2.8~F4로 설정하면 멈춤 표시기 근방에서 초점이 잡히고 뒤로는 흐릿해져 아련한 느낌을 연출할 수 있다. 풍경뿐만 아니라 인물을 배치해도 멋진 사진을 촬영할 수 있다.

Canon EOS 5D Mark II | ISO 200 | F1.2 | 1/4000sec | 50mm

선로는 언제나 사진사에게 좋은 피사체가 된다. 곧게 뻗은 선로에 특정 부분만 초점을 맞추어 사진과 같이 꽃이나 소품을 이용하면 편안하고 안정적인 사진을 촬영할 수 있다. 초점은 소품에 맞추고 조리개는 최대로 개방(F1.2~F2.8 정도)한다. 배경 흐림을 극대화하기 위해 선로의 측면보다는 정면에서 로우앵글로 촬영하면 극적인 효과를 얻을 수 있다. M모드와 A모드로 설정하고 조리개를 조절한 뒤 촬영한다. 안정적인 구도를 위해 최대한 선로의 수평을 맞추어 촬영하는 것을 잊지 말자.

Canon EOS 5D Mark II | ISO 200 | F1.2 | 1/1600sec | 50mm

Canon EOS 5D Mark II | ISO 200 | F1.2 | 1/4000sec | 50mm

 찾아가는 길 지하철 4호선 고잔역 2번 출구. 도보로 1분 정도 소요. **내비게이션**
고잔역. 경기도 안산시 단원구 중앙대로 784 **자가 정보** 공영주차장에 주차
지하철 4호선 고잔역 2번 출구로 나오면 역 뒤편으로 협궤선로를 쉽게 찾을 수 있다. 철길의 연속
성을 세로구도로 길게 표현하는 방법도 좋고, 철길을 대각선으로 배치하고 길게 뻗은 낡은 협궤선
로와 코스모스, 저물어가는 태양을 과감하게 연출해도 좋다.

NIKON D700 | ISO 200 | F16 | 8sec | 26mm | EV 0

봉은사는 서울 도심에서 휴식을 즐길 수 있는 몇 안 되는 사찰 중에 하나다. 도심 한복판에 있다 보니 사찰과 고층 빌딩이 대비를 이루는데 미륵 대불의 온화함과 마주 선 코엑스 방면의 고층 빌딩 야경은 속세와 해탈의 묘한 대비를 주기에 충분하다.

준비물 광각줌렌즈(17~35mm), 표준줌렌즈(24~70mm), 편광 필터, 삼각대, 유무선 릴리즈, 등산화, 긴 바지

미륵 대불과 앞으로 펼쳐지는 고층빌딩의 모습을 담기 위해서는 17mm 이상의 광각렌즈가 필요하지만 24mm 정도면 웅장한 미륵 대불의 모습을 담을 수 있다. 바닥에 비친 미륵 대불의 모습을 난반사 없이 담기 위해서 편광 필터가 필요하며, 야경 촬영을 해야 하므로 삼각대, 유무선 릴리즈 등이 필요하다. 미륵 대불 뒤편 언덕은 풀과 나무가 길게 자라 있으므로 등산화나 긴 바지 등을 준비한다.

촬영 길잡이 **난이도** 중 **계절** 사계절 **시간** 일몰 후 밤 **포인트** 미륵 대불과 도심 야경

#1

웅장하고 거대한 봉은사 미륵 대불의 모습과 코엑스 방향 고층 빌딩의 모습이 대비를 이루는 촬영 포인트다. 봉은사 미륵 대불 뒤편 언덕에 길이 나 있는데 길 아래쪽 언덕으로 들어가면 축대 벽 위 미륵 대불 뒤쪽 왼편 45도 방향에 나무에 가려지지 않는 포인트가 있다.

17mm 등의 광각렌즈로 촬영하면 더 넓게 고층 빌딩의 모습을 담을 수 있지만, 미륵 대불이 작게 촬영되어 웅장한 모습이 줄어든다. 따라서 24mm 정도로 촬영하는 것이 가장 좋다. 불빛과 조명을 갈라지게 촬영하기 위해서는 조리개를 F8 이상으로 조여 촬영하는 것이 좋다. 셔터속도를 수 초 이상의 장시간 노출로 촬영해야 하므로 반드시 삼각대를 지참해 촬영한다. 셔터를 누를 때 미세한 손 떨림을 방지하기 위해서 셔터 릴리즈를 이용하는 것이 좋다.

NIKON D700 | ISO 200 | F16 | 8sec | 17mm | EV 0

미륵 대불은 봉은사 서편 가장 윗부분에 있다. 미륵 대불 앞에는 대리석으로 넓게 예불 드리는 곳이 있는데 바닥이 매끄럽고 잘 닦여 있어 밤에는 미륵 대불의 반영을 함께 담을 수 있다. 예불단 끝 정면이나 약간 측면에서 촬영한다. 17mm 정도로 촬영하면 위아래 반영에서 약간 모자라는 편이다. 물론 세로로 촬영하면 미륵 대불과 반영된 미륵 대불의 모습을 모두 담을 수 있지만, 양옆의 석등을 담을 수 없다.

정형화된 미륵 대불의 웅장한 모습을 가장 잘 담을 수 있는 포인트로 코엑스 방향 빌딩 등이 가려지고 촬영 포인트 형편상 나뭇가지 등이 시야를 가릴 수 있다. 넓게 프레이밍 하면 좌우의 나무도 함께 촬영되므로 24mm 정도의 화각으로 담는 것이 좋다. 포인트 위치의 지면이 평평하지 않으므로 삼각대를 주의해서 설치하고 수평을 잘 맞추도록 한다.

NIKON D700 | ISO 200 | F16 | 8sec | 26mm | EV 0

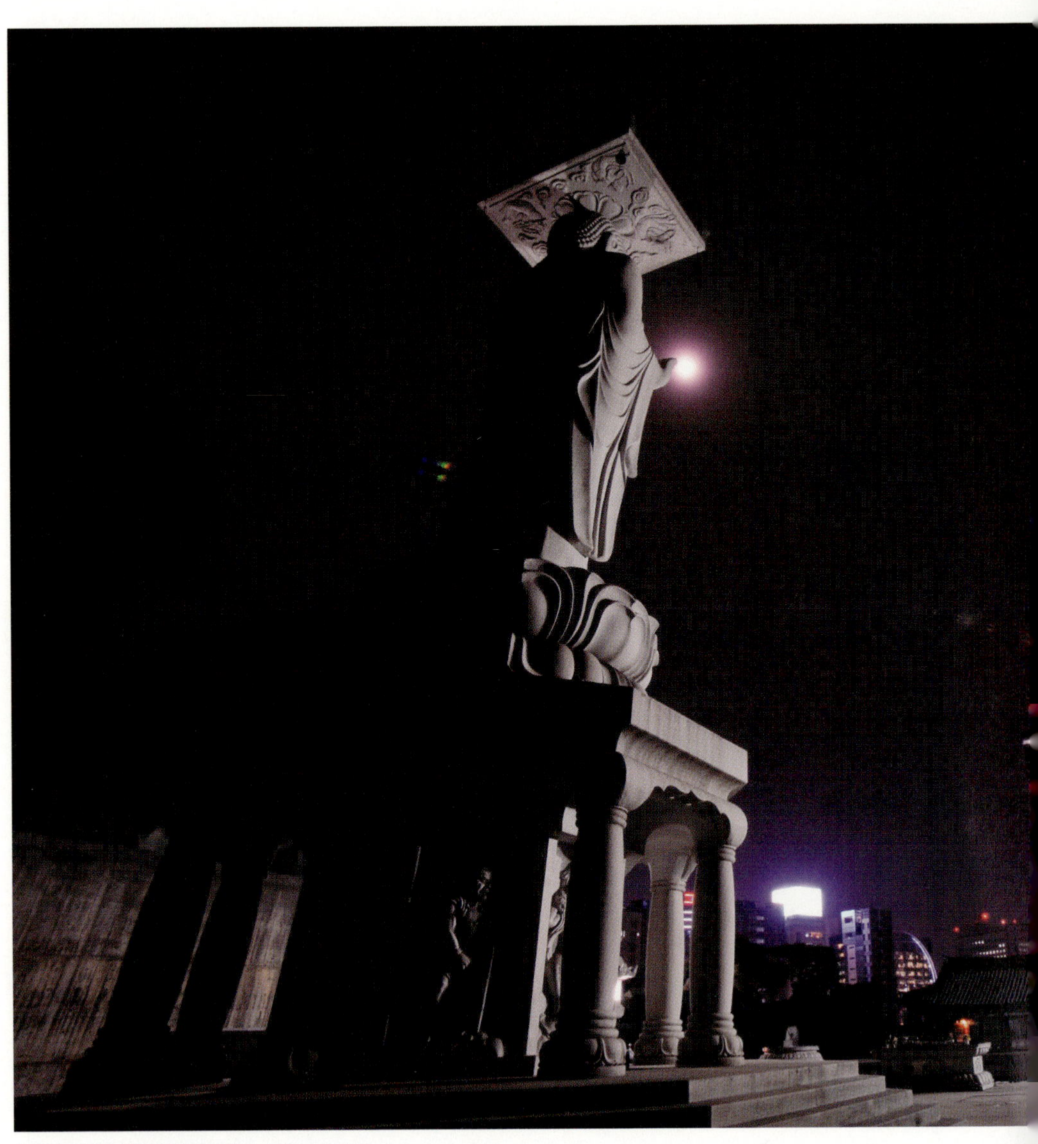

NIKON D700 | ISO 200 | F16 | 8sec | 17mm | EV 0

미륵 대불 뒤편 축대벽 바로 아래에서 촬영한 사진이다.
축대벽에 바짝 붙어 촬영해야 최대한 넓은 화각으로 촬
영할 수가 있다. 미륵 대불 후면에서 촬영해도 좋고. 측
면에서 촬영해도 좋다. 사진은 약간 측면에서 미륵 대불
의 손에 달을 함께 촬영한 것이다. 좁은 공간에서 최대
한 넓게 촬영하기 위해서는 17mm 정도의 광각렌즈가 필
요하다.

촬영 포인트 **찾아가는 길** 지하철 2호선 삼성
역 6번 출구 아셈타워 방향 도보로 100m 이동 | 지하
철 7호선 청담역 2번 출구 경기고등학교 방향 도보
로 150m 이동 | 봉은사나 아셈타워행 버스 이용. 간선
351, N61, 143 지선 3412, 2415 **내비게이션** 봉은사. 서
울시 강남구 봉은사로 531(삼성동 73번지) **자가 정보**
봉은사에 도착한 후 봉은사 유료 주차장에 주차한다.
봉은사에 들어선 후 서편 맨 위쪽으로 가면 미륵전을
지나 미륵 대불을 만날 수 있다. 거대한 야외 불상이
라 멀리서도 쉽게 보인다.
야경을 촬영해야 하므로 처
음 가는 사람은 조금이라도
밝을 때 가서 포인트를 미
리 살펴보는 것도 좋겠다.

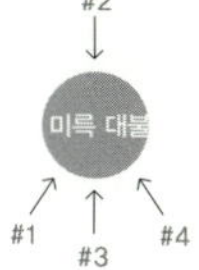

017

드라마틱한
한강의 야경
청담대교

시원한 풍경을 보며 사진 찍기를 원한다면 이곳에서 한강의 야경과 풍경을 담아보자. 청담대교와 삼성동 일대의 고층빌딩을 아우르는 야경을 담을 수 있다.

 광각줌렌즈(17~40mm), 표준줌렌즈(24~70mm), 표준단렌즈(50mm), 대형 삼각대 또는 미니 삼각대, 유무선 릴리즈

시원한 풍경을 담기 위해 17~20mm 화각의 광각렌즈를 주로 사용한다. 청담대교와 자벌레의 부분적인 프레임 구성은 표준줌렌즈와 표준단렌즈를 이용하여 촬영한다. 가능한 한 긴 삼각대를 사용하고, 난간에 올려놓을 수 있는 미니 삼각대를 갖추어 촬영하면 일반 삼각대보다 손쉽게 세팅을 할 수 있다.

 난이도 상 **계절** 사계절 **시간** 오후 6~9. **포인트** 청담대교와 자벌레, 삼성동 고층빌딩

#1

청담대교와 북단 진입 나들목, 영동대교, 자벌레 그리고 맞은편 삼성동 스카이라인을 시원하게 담아내는 포인트다. 하이 앵글로 내려다보는 느낌의 촬영을 위해 뚝섬역 4번 출구에 위치한 한강 우성아파트에서 촬영한다. 옥상이 개방되어 있지 않기 때문에 옥상으로 향하는 계단 창문에서 담는다. 야경 촬영을 위해 삼각대를 사용하는데 창문의 위치가 140cm 정도 되므로 삼각대를 최대한 확장하여 사용한다.

청담대교와 자벌레, 나들목, 영동대교를 고려하여 프레임을 구성하면 19mm 정도의 화각이 되는데, 17∼18mm의 화각은 하단부의 도로가 포함되어 집중이 분산되므로 화각을 좁히거나 크롭하여 촬영한다. 청담대교와 나들목에 차량 궤적이 있는 다채로운 색상을 구성하기 위해 조리개를 조여 10초 이상의 셔터속도로 촬영한다.

Canon EOS 5D Mark II | ISO 100 | F11.0 | 14sec | 50mm

#2

주 피사체는 청담대교지만 다리를 배제한 진입 나들목을 50mm 렌즈로 촬영
했다. 단렌즈로 조리개를 조여서 촬영하면 광각렌즈에서 볼 수 없었던 아름
다운 타원형 곡선 교량과 가로등 빛 갈라짐을 담을 수 있다. 배경으로 자줏
빛과 푸른빛을 띠고 있는 고층 아파트를 포함했다. 교량에 차량 궤적이 포함
되면 좋겠지만 아쉽게도 카메라를 향한 정면방향으로 붉은 등이 표현되지 않
으므로 차량의 흐름보다는 올림픽대로와 고층건물의 수평맞춤을 유의해서
담는다.

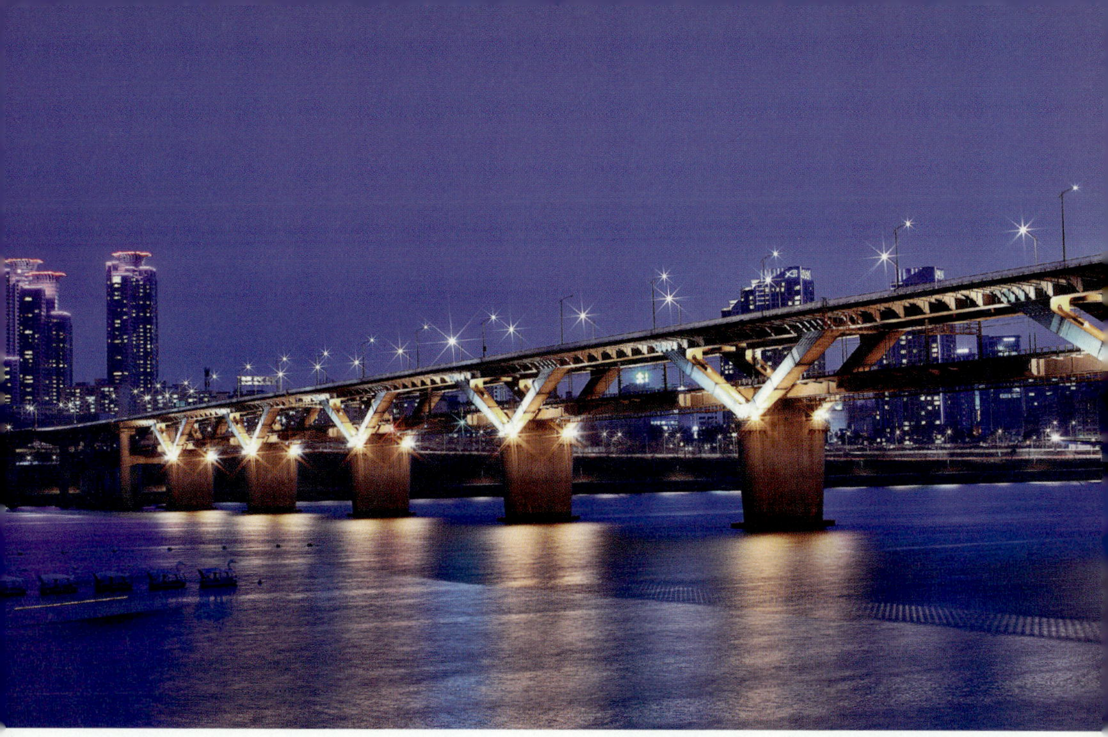

Canon EOS 5D Mark II | ISO 100 | F11.0 | 10sec | 50mm

#3

아파트 옥상 계단에서 촬영 후 강변으로 내려와 로우앵글로 청담대교를 담는다. 청담대교 근처에는 유원지가 있는데 저녁에 운행하지 않는 컴컴한 오리배를 프레임 안에 포함해 화려한 조명이 켜진 교량·고층건물과 대비를 이루도록 담아보자. 빛 갈라짐이 화려한 교량을 담기 위해 50mm 렌즈를 사용하였다. 촬영 당시에는 물살이 잔잔하여 조리개 F11에 셔터속도 10초로 촬영하였으나 물살이 거칠어 오리 배가 잔상으로 표현되는 경우에는 조리갯값을 낮추고 ISO 400~800으로 충분한 셔터속도를 확보하여 담는다.

청담대교를 로우 앵글로 담았다면 뒤로 돌아 진입 교량과 고층빌딩을 담아보자. 광각렌즈로 넓게 담으면 주변 방해물이 많아져서 50mm 단렌즈로 주 피사체만 깔끔하게 담는다. 단렌즈를 활용하면 가로등의 불빛이 별빛처럼 갈라지는 모습을 촬영할 수 있다. 사진 구성 시 여백 부분에 하늘이 많이 포함되므로 일몰 30분 후 하늘이 파란색으로 변하는 매직 타임 때 촬영하면 더 예쁜 사진을 얻을 수 있다.

Canon EOS 5D Mark II | ISO 100 | F11.0 | 12sec | 50mm

촬영 포인트 **찾아가는 길** 지하철 7호선 뚝섬유원지역 4번 출구 도보로 3분, 한강 우성아파트 **내비게이션** 한강 우성아파트, 서울 광진구 능동로1길 15 **자가 정보** 골목길이 좁고 주차하기 어려우므로 대중교통을 이용

#1, 2 사진은 우성아파트 옥상 전 계단 창문에서, #3은 뚝섬 한강공원 수영장 근처에서 청담대교를 비스듬히 보고, #4는 뒤로 돌아 청담대교 진출입로와 아파트 등의 고층 빌딩을 배경으로 촬영한다.

#1, 2, 3 ↑   ↓ #4

018

서울 밤하늘에 별이 보이진 않지만, 성수대교에는 하늘의 별을 대신할 별들이 가득하다. 그대의 연인에게 라이트 페인팅으로 내 마음의 별을 그려 보여주자.

준비물 광각줌렌즈(17~40mm), 표준줌렌즈(24~70mm), 표준단렌즈(50mm), 삼각대, 유무선 릴리즈, 손전등 또는 핸드폰

전체적인 풍경은 광각렌즈로 담지만, 성수대교 가로등 불빛은 빛 갈라짐의 극대화를 위해 50mm 단렌즈로 촬영한다. 삼각대에서 떨어져 촬영하기에 거리가 짧으므로 수신 거리가 긴 무선 릴리즈를 준비하는 것이 좋다. 라이트 페인팅은 빛을 발생시키는 손전등을 이용하면 좋고, 손전등이 없다면 핸드폰의 플래시 기능을 이용하여 촬영한다.

촬영 길잡이 **난이도** 중 **계절** 사계절 **시간** 오후 6~9시 **포인트** 성수대교 북단 가로등

Canon EOS 5D Mark II | ISO 100 | F14.0 | 15sec | 50mm

#1

한강 교량의 일반적인 구도를 벗어나 밤하늘에 별이 떠 있는 것처럼 성수대교와 자전거 도로를 촬영할 수 있는 장소다. 서울숲 꽃사슴 체험 지역에서 지하통로를 통해 성수대교로 넘어올 수 있다. 성수대교 북단 방향 분기점 위치에서 촬영하며 우측에서 촬영하였다.

50mm 화각의 단렌즈를 이용하여 성수대교의 단편적인 모습을 표현하였고 단렌즈 효과로 빛 갈라짐이 극대화되었다. 50mm 화각 상 신체를 전부 표현되기 위해 삼각대에 세운 카메라로부터 8〜10m 정도 떨어져서 촬영한다. 셔터모드를 인터벌로 두어 10초 후에 촬영되도록 설정하고, 셔터속도는 별이나 하트 등을 충분히 그릴 수 있도록 10초 이상 설정한다. 라이트 페인팅은 손전등이나 핸드폰 라이트 기능을 이용해 그린다.

라이트 페인팅이 없는 성수대교 북단 사진이다. 프레임 구성 시 자전거 도로와 인도를 넉넉하게 배치하여 시원한 느낌을 받을 수 있다. 자전거 도로를 통해 지나가는 자전거의 라이트를 담거나 조깅 혹은 산책하며 지나가는 사람을 장노출로 표현해도 좋다. 될 수 있으면 삼각대를 인도에 위치하도록 하는데 화각 구성을 위해 뷰파인더를 보고 움직이다 보면 반대편 방향의 자전거와 충돌위험이 있으므로 주의한다.

Canon EOS 5D Mark II | ISO 100 | F11.0 | 12sec | 50mm

Canon EOS 5D Mark II | ISO 100 | F11.0 | 10sec | 50mm

#3

일반적으로 많이 담는 구도로 24~50mm의 화각을 이용하여 촬영한다.
광각의 영역으로 갈수록 성수대교와 남단의 주변 풍경을 한 번에 담을
수 있지만, 주 피사체인 성수대교가 작아지고 빛 갈라짐도 작아지므로
적정한 화각으로 구성한다. 촬영 시에 트러스 조명의 광량이 주변부의
광량보다 높으므로 셔터속도를 적절히 조절하여 교량의 트러스가 노출
오버 되지 않도록 주의한다.

라이트 페인팅 지점에서 뒤로 이동하여 성수대교를 바라보면 교각 사이로 보랏빛 조명의 동호대교를 품은 성수대교를 촬영할 수 있다. 망원렌즈보다 24~70mm의 표준줌렌즈가 프레임을 구성하기에 유리하다. 화이트밸런스를 자동으로 촬영하면, 동호대교의 보랏빛 조명을 담아내기가 어려우므로 촬영하기 전에 캘빈 값을 3000~3500K 정도로 적용하고 촬영한다.

촬영 포인트 **찾아가는 길** 지하철 2호선 뚝섬역 8번 출구 서울숲 방향 도보 30분 **내비게이션** 서울숲. 서울 성동구 뚝섬로 273 **자가 정보** 서울숲에 주차하고 이동 뚝섬역에서 서울숲을 통과해 성수대교를 가는 방법이 가장 편하다. 서울숲의 꽃사슴 체험장을 지나면 지하통로로 성수대교 북단에 접근할 수 있다. 북단의 좌우 모습은 비슷하지만, #4 사진을 촬영하기 위해서 서울숲 수상택시 반대방향으로 이동하면 성수대교 사이로 동호대교를 품은 사진을 촬영할 수 있다.

Canon EOS 5D Mark II | ISO 100 | F10.0 | 8sec | 50mm

019 달콤 로맨틱 사진 여행지 노을공원

하늘공원보다 덜 알려진 노을공원은 하늘공원의 억새밭과 달리 온통 푸른 잔디로 덮여 있다. 푸른 잔디 위에서 오후의 햇살을 배경 삼아 역광으로 따스한 사진을 담아 보자.

준비물 표준줌렌즈(24~70mm), 망원줌렌즈(70~200mm), ND 필터, 그러데이션 필터

표준 화각대를 이용해 노을공원의 풍경을 담고, 망원렌즈로 꽃과 인물 등의 부분적인 풍경을 담는다. 노을공원에서의 촬영은 대부분 역광으로 촬영하기 때문에 매뉴얼모드(M)로 촬영하거나 ND 필터를 이용하면 좋다.

촬영 길잡이 **난이도** 하 **계절** 사계절 **시간** 오전 10시~오후 7시 **포인트** 노을공원, 잔디밭, 양귀비 꽃밭

#1

촬영 장소는 캠프장으로 가는 길에 위치한 작은 언덕이다. 언덕 아래 캠프장 수로 안에 앉아서 로우앵글로 촬영하면 사진과 같은 느낌으로 촬영할 수 있다.

역광촬영은 카메라가 빛을 정면으로 받기 때문에 적정 노출과 실루엣으로 표현한다. 촬영모드를 매뉴얼모드(M)로 설정해 조리개를 F2.8 정도로 설정하고 셔터 속도를 조절해 피사체가 실루엣이 되도록 촬영한다.

Canon EOS 5D Mark II | ISO 100 | F2.8 | 1/4000sec | 50mm

Canon EOS 5D Mark II | ISO 100 | F2.0 | 1/2500sec | 135mm

#2

인물촬영에 좋은 135mm대의 망원렌즈로 촬영하고 주제 부각을 위해 조리개는 F2.0 이하로 개방한다. 일반적인 인물촬영에서는 해를 등에 지고 촬영하지만, 오후의 따뜻한 빛을 담기 위해 해를 정면에 두고 역광으로 촬영한다. 주의할 점은 정노출보다 1~2스탑 높게 촬영해야 인물이 어둡지 않게 촬영된다.
울타리에 기대거나 걸터앉아 구도를 잡아도 좋고, 울타리가 아웃포커싱 되도록 좀 더 앞에 인물을 배치해도 좋다.

Canon EOS 5D Mark II | ISO 100 | F2.0 | 1/2500sec | 135mm

#3

매년 5~6월에 노을공원을 방문하면 매점으로 가는 길목에서 붉은 양귀비꽃을 만날 수 있다. 푸른 녹색과 흰 꽃 배경으로 양귀비꽃에 초점을 맞추어 조리개를 F1.4~2.8로 개방하여 촬영한다. 배경 흐림을 표현하기 위해서는 조리갯값이 낮은 단렌즈나 마크로렌즈가 좋다. 특히 마크로렌즈는 피사체에 근접하여 촬영할 수 있어 꽃잎과 암·수술 등을 자세하게 담을 수 있다. 마크로렌즈와 망원렌즈를 이용하여 배경 흐림 사진을 촬영할 때는 셔터속도가 느려 사진이 흔들리기 쉬우므로 삼각대와 릴리즈를 이용하여 담는다면 선명한 사진을 얻을 수 있다.

촬영 포인트 ▶ **찾아가는 길** 지하철 6호선 월드컵경기장역 1번 출구로 나와서 노을공원 방향. 도보로 30분 정도 소요 **내비게이션** 노을공원, 서울특별시 마포구 하늘공원로 108-1 **자가 정보** 월드컵공원 주차장에 주차 노을공원 정상 부근으로 가는 길에 있는 작은 언덕과 매점 근처 나무 울타리와 양귀비 꽃밭을 찾으면 된다.

NIKON D700 | ISO 200 | F16 | 15sec | 210mm | EV 0

#1

치현정에서 망원렌즈를 이용해 촬영한 방화대교 야경 사진으로 붉은 아치형 구조물과 가로등. 한강에 비친 다리. 다리 위에 자동차 궤적이 표현된 사진이다. 망원렌즈로 촬영해야 하므로 떨리지 않도록 셔터릴리즈를 이용하는 것이 좋다. 촬영모드는 매뉴얼모드(M)로 설정하고 촬영하는 것이 좋으며. 조리개는 F16 정도로 조여서 빛 갈라짐을 얻도록 한다.

불빛을 받아 더욱 붉게 빛나는 **방화대교 야경** 020

깜깜한 밤 방화대교 아치형 구조물은 불빛을 받아 더욱 선명하고 아름다운 빛을 발한다. 철근 콘크리트 대교와 무슨 정감을 나눌까 싶지만, 어둠 속에서 영롱히 빛나는 붉은 다리는 보는 이에게 자신의 외모를 뽐내는 것처럼 보인다. 수많은 불빛으로 치장하고 붉은 색상을 환하게 내뿜는 방화대교의 모습을 담아보자.

준비물 망원줌렌즈(70~300mm), 삼각대, 릴리즈, 랜턴

치현정에 오르면 100mm 이상의 망원렌즈를 가져야 방화대교의 모습을 촬영할 수 있다. 100mm 이하 렌즈는 너무 넓은 화각으로 촬영된다. 100mm~300mm 사이의 렌즈가 좋다.

촬영 길잡이 **난이도** 중 **계절** 연중 **시간** 조명 점등시간 (계절마다 다름) **포인트** 방화대교 야경

NIKON D700 | ISO 200 | F16 | 10sec | 300mm | EV 0

#2

방화대교의 붉고 둥근 아치형 구조물만을 확대하여 촬영한 사진이다. 치현정에서는 약 300mm 정도의 망원으로 촬영할 수 있는 사진이다. 철 구조물의 세세한 부분까지 촬영할 수 있어 좋다.

#3

넓게 펼쳐진 한강의 모습과 자동차 궤적, 방화대교의 모습을 담은 사진이다. 자동차 궤적의 흐름을 담기 위해서는 셔터속도를 10초 이상으로 설정하며, 자동차가 많이 통행하는 퇴근 무렵의 시간에 촬영하는 것이 좋다. 치현정에서 100mm 정도의 화각으로 촬영한 사진이다.

NIKON D700 | ISO 200 | F16 | 10sec | 100mm | EV 0

↑ #1, 2, 3

촬영 포인트 ▶ **찾아가는 길** 지하철 5호선 방화역 3, 4번 출구에서 약 500m 한강 쪽으로 오면 방화근린공원을 만날 수 있으며 방화근린공원에서 치현정 이정표를 따라 약 15분 정도 오르면 한강 쪽으로 위치한 치현정을 만날 수 있다. | 방화 도시 7단지, 국립국어원, 방화3동 주민센터 정류장 하차 **내비게이션** 방화근린공원(서울시 강서구) **자가 정보** 방화근린공원을 찾은 후 공원 입구 근처 도로에 주차한다.

치현정 안에서 방화대교의 남단부터 북단까지 전체적인 모습을 촬영할 수 있는데 계절마다 대교의 불빛 점등시간이 달라지므로 시간을 확인한 후 찾아간다. 300mm 정도의 망원렌즈를 이용하면 방화대교의 아치형 구조물만 클로즈업해서 촬영할 수 있고, 100mm 정도의 화각이면 다리의 모습을 무난하게 촬영할 수 있다. 주변이 어두우므로 랜턴을 준비하고 음료나 간식을 함께 준비하는 것도 좋다.

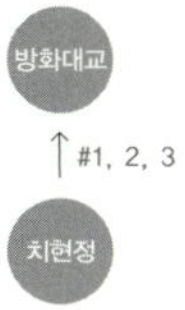

021 / 인천공항 비행기 착륙지점

비행기는 어릴 적 모든 이들의 희망이자 꿈이었다. 푸른 하늘을 유유히 나는 커다란 비행기는 그저 신비로운 존재였다. 여전히 비행기는 마음 떨리는 존재이며, 나이가 들어서도 왠지 모를 기대감과 감흥을 준다.

준비물 표준줌렌즈(24~70mm) 또는 표준렌즈(50mm), 그러데이션 필터, 편광 필터, 여행 가방, 모자, 사다리 혹은 플라스틱 의자, 돗자리나 깔판

하늘을 올려다보며 촬영하므로 편광 필터나 그러데이션 필터를 챙기는 것이 좋고, 모델을 가드레일에 올리려면 사다리나 의자가 필요하다. 또한, 소품을 챙겨 촬영하면 다양한 모습의 사진 촬영이 가능하다.

촬영 길잡이 **난이도** 상 **계절** 사계절 **시간** 일출 이후 일몰 전 **포인트** 착륙하는 비행기와 인물

#1

푸른 하늘을 나는 비행기의 모습을 커다랗게 사진으로 담을 수 있다는 것은 굉장한 행운이다. 인천공항 비행기 착륙지점 포인트는 비행기가 수시로 착륙하기 때문에 커다란 비행기를 비교적 손쉽게 촬영할 수 있는 곳이다. 이곳에서는 비행기를 최대한 크게 촬영하면서 모자나 여행 가방 등의 소품을 활용해 여행을 떠나는 듯한 인물의 모습을 연출하는 것이 중요하다. 광각렌즈일수록 비행기를 수월하게 촬영할 수 있지만, 비행기가 작게 촬영되므로 화각을 변경하면서 적절한 화각을 찾아내는 것이 중요하다. 또한, 비행기가 순간적으로 이동하므로 촬영 타이밍을 놓치지 않기 위해 고속셔터(1/200sec)나 연속 촬영으로 촬영하는 것이 좋다. 인물과 비행기를 올려 찍는 로우앵글로 촬영해야 하므로 바닥에 깔 수 있는 돗자리 등이 있으면 좋다.

NIKON D700 | ISO 200 | F8 | 1/250sec | 30mm | EV 0

 **#2**

비행기를 역동적으로 표현하기 위해서 인물을 비행기 착륙 선상의 옆에다 배치한 후 촬영한다. 인물의 시선 방향과 비행기의 위치를 같이 설정해 인물이 비행기를 쳐다보는 듯이 연출해도 좋다. 비행기가 빠르게 이동하므로 빠른 셔터속도로 촬영한다. 순간적으로 촬영 타이밍을 잡아야 하므로 연사 모드로 촬영해도 좋다. 빛의 난반사를 줄이고 하늘을 더욱 파랗고 선명하게 촬영하기 위해서 편광 필터를 사용한다.

 **#3**

뒤로 넓게 펼쳐진 바다와 갯벌, 길게 늘어선 가드레일을 배경으로 인물을 촬영했다. 가드레일은 원근법으로 길게 늘어서게 되며 넓은 바다와 하늘, 구름이 조화롭게 연출해 대각선 구도로 촬영한다. 갈매기가 있다면 더할 나위 없지만 시원스런 바닷바람을 만끽하는 모습으로 인물을 촬영한다.

NIKON D700 | ISO 200 | F8 | 1/60sec | 24mm | EV 0

  찾아가는 길 공항철도 인천국제공항 역에서 택시를 이용해 영종해안남로에 있는 인천국제공항주유소에서 내린다. 비행기가 착륙하는 선상의 가드레일로 이동한다. **내비게이션** 인천국제공항주유소 **자가 정보** 자동차를 이용할 경우 인천국제공항주유소를 찾아간 후 맞은편에 차를 안전하게 주차한 후 비행기 착륙 지점의 가드레일로 이동한다. 차량이 고속으로 다니고 주차 공간이 없으므로 조심해서 이동한다.

대중교통을 이용할 경우 공항철도 인천국제공항 역에서 인천국제공항주유소를 찾아 도보로 30분 정도 이동한다. 인천국제공항주유소에서 인천대교 쪽으로 3~40m 정도 이동하면 비행기 착륙지점이다. 착륙지점의 활주로가 두 개이므로 그 중 한쪽을 선택한 후 바다를 마주하면 10분 정도의 간격으로 비행기가 다가온다. 렌즈는 표준줌렌즈의 화각이 비행기도 크게 촬영되고, 인물도 크게 배치할 수 있다. 또한, 1시간을 촬영해야 고작 5~6번의 기회가 오므로 셔터속도는 1/200초 정도, 조리갯값은 F8 정도, 연사촬영모드, 편광 필터 등 카메라 세팅을 준비해 시행착오를 줄이는 것이 좋다.

NIKON D700 | ISO 200 | F8 | 1/320sec | 24mm | EV 0

022 북한산 일출
땅을 뚫고 솟아오르는 해오름

북한산 일출을 담기 위해 오르는 새벽 산행은 적막함을 선사한다. 오로지 내 발자국만을 느끼며 산속으로 빠져든다. 어둠을 뚫고 솟아오르는 해오름은 가슴 벅찬 감동을 선사하는데 북한산 일출은 인수봉 너머 겹쳐진 산자락과 봉우리들, 그 사이를 가득 메운 산안개로 장관을 연출한다. 특히 일교차가 큰 날에는 한 치 앞을 볼 수 없을 정도로 산안개가 한가득 들어찬다. 그 넘실대는 산안개 위로 솟아오르는 해의 모습은 온 천지를 불태우며 세상 가득 붉은빛을 선사한다.

준비물 표준줌렌즈, 망원줌렌즈, 삼각대, 유무선 릴리즈, 그러데이션 필터, 레드 필터, 보조 배터리, 등산복, 등산화, 방한용품, 랜턴, 물과 비상식량

계절별 일출 시각을 확인하고 등산 소요 시간을 고려하여 백운대에 오른다. 장시간 등산해야 하므로 비상식량과 음료수, 비상배터리 등을 잘 챙기고 랜턴, 등산화, 등산복 등의 준비를 철저히 한다.

촬영 길잡이 **난이도** 상 **계절** 사계절 **시간** 일출 시각 **포인트** 인수봉, 산안개, 일출

#1

백운대에서 내려오는 길에 촬영한 사진이다. 백운대보다 넘실대는 산안개의 모습을 더 웅장하게 촬영할 수 있고, 떠오르는 햇빛과 대비되게 인물의 실루엣 촬영을 할 수 있는 곳이다. 사람의 통행이 잦은 곳이나 백운대에서 아침 일출을 본 후 내려오는 길에는 한가롭게 사진 촬영을 할 수 있다. 멀리까지 선명하게 팬포커스로 촬영해야 하므로 조리갯값은 F10 정도로 설정한다. 조리개모드(A)로 촬영할 경우에는 노출 보정은 −5스탑 정도 주어 촬영하면 인물을 실루엣으로 담을 수 있다. 매뉴얼모드(M)로 촬영할 경우에는 노출 값을 떠오르는 햇빛에 맞추면 인물은 실루엣으로 촬영할 수 있다. 우선 촬영한 후 원하는 값으로 셔터속도를 변경한다.

NIKON D700 | ISO 200 | F22 | 1/320sec | 24mm | EV -5

NIKON D700 | ISO 200 | F22 | 1/15sec | 24mm | EV-5

#2

산안개와 산자락들을 배경으로 우뚝 솟은 인수봉과 일출을 촬영한 사진이다. 크고 선명한 바위의
모습이 웅장함을 준다. 해가 솟아오르는 윗부분은 밝고 바위 쪽은 어둡게 촬영되므로 그러데이션
필터를 사용하면 효과적으로 밝기를 조절할 수 있다. 장엄하게 솟아오르는 해의 모습을 더 크고
선명하게 촬영하고 싶다면 200mm 이상의 망원렌즈를 이용해 촬영한다.

촬영 포인트 찾아가는 길 진관동 북한산성 입구를 통하면 3~4시간 정도, 우이동 백운탐방센터를 통하면 2~3시간 정도면 북한산 정상인 백운대에 오를 수 있다. 내비게이션 진관동 북한산성 탐방지원센터, 우이동 백운탐방센터 자가 정보 진관동 북한산성 탐방지원센터나 우이동 백운탐방센터 주차장에 주차한 후 산행을 한다.
일출 시각 1시간 전에 정상에 도착할 수 있도록 산행 시간을 잡는 것이 좋으며, 해가 떠오르는 방향을 파악하여 구도와 노출 값 등을 세팅해 놓는 것이 좋다.

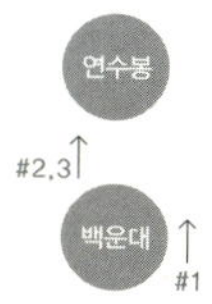

#3

동이 터오기 전 인수봉과 일렁이는 산안개, 붉은 새벽빛을 함께 촬영한 사진이다. 무엇보다 웅장한 인수봉의 모습을 매력적으로 담는 것이 중요하다. 아직 동이 트기 전이라 삼각대를 설치해야 촬영할 수 있다. 백운대에서는 바닥도 평평하지 않고 위험할 수 있으므로 조심해서 삼각대를 설치하고 촬영하는 것이 좋다.

NIKON D700 | ISO 200 | F16 | 1sec | 38mm | EV -0.7

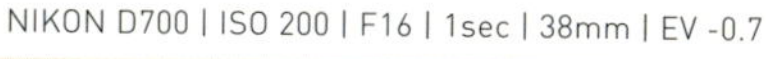

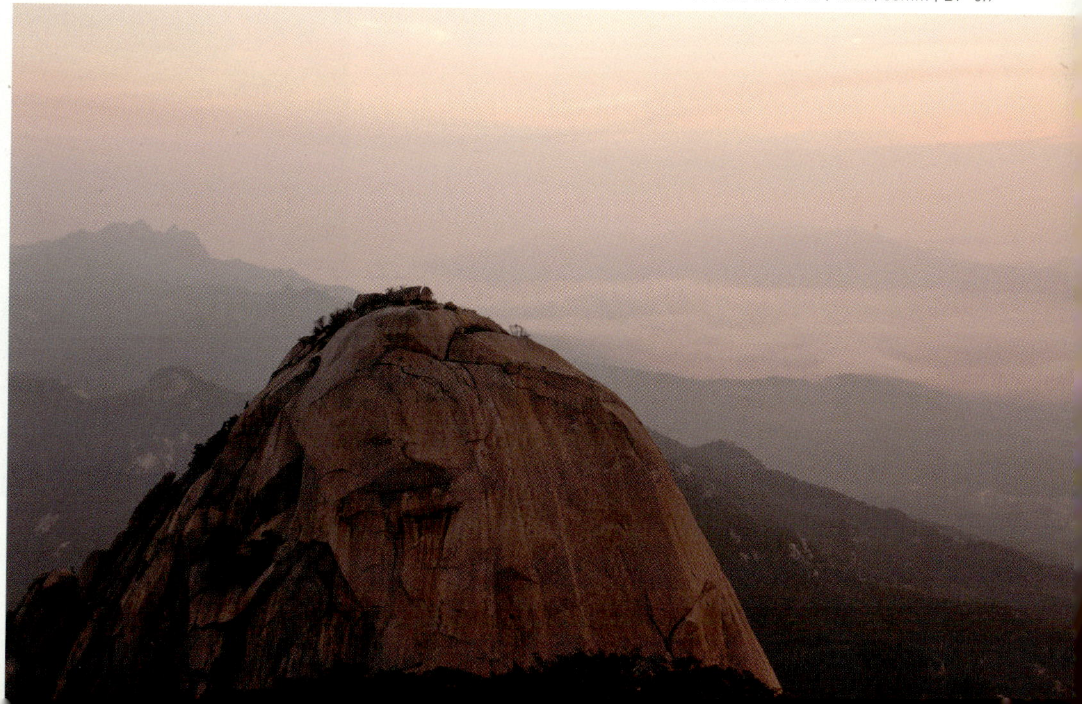

023 인천대교
하늘에 그려지는
아련한 무지개

풍경 사진가라면 한 번쯤 담아 보아야 하는 필수 코스, 인천대교의 S라인이다. 접근성이 좋아 부담 없이 사진을 담을 수 있다. 하늘이 맑고 날씨가 좋다면 바로 인천대교를 향해 달려보자.

준비물 광각줌렌즈(17~40mm), 망원줌렌즈(70~200mm), 삼각대, 유무선 릴리즈, 손전등, 외투, 핫팩, 그러데이션 필터

인천대교와의 거리가 멀어 100~200mm 사이의 화각에서 촬영할 수 있다. 일몰 후 급격하게 어두워지고, 주변에 가로등이 없으므로 손전등이 필요하다. 가을과 겨울에 방문하였을 때는 바다의 영향으로 차가운 바람이 불어오니 외투와 핫팩을 준비한다. 일몰 시 하늘과의 노출차를 최소화 하기 위해 그러데이션 필터를 사용한다.

촬영 길잡이 **난이도** 중 **계절** 사계절 **시간** 오후 6~9시 **포인트** 인천대교 야경

높은 고층에서 담는 촬영 포인트는 접근성이 어려워 촬영에 불편을 겪는 일이 많다. 동춘터널은 최근 공원으로 조성되어 촬영에 제약이 없이 인천대교를 담을 수 있다.

인천대교와 상당한 거리가 있으므로 촬영 시엔 반드시 망원렌즈가 필요하다. 200mm 화각이면 인천대교의 S라인을 화면에 가득 채울 수 있다. 인천대교 앞에 위치한 송도 3교를 기준으로 S라인의 프레임을 구성한다.

Canon EOS 5D Mark II | ISO 100 | F9.0 | 30sec | 145mm

Canon EOS 5D Mark II | ISO 1000 | F6.3 | 3.2sec | 135mm
Canon EOS 5D Mark II | ISO 640 | F6.3 | 1/320sec | 135mm

Canon EOS 5D Mark II | ISO 100 | F11.0 | 10sec | 200mm

 #2

인천대교 일몰이 매우 아름답지만, 가스층의 영향으로 선명한 일몰을 담기가 쉽
지 않다. 일몰 시 붉은 하늘을 배경으로 인천대교의 실루엣과 조명이 켜지는 장면
을 담는다. 일몰 직후에는 하늘과 인천대교의 노출 차가 커서 노출 오버로 하늘이
하얗게 날아가 버리는데 이를 방지하는 방법으로 그러데이션 필터를 사용한다. 그
러데이션 필터를 하늘에 맞추어 노출을 줄이면 인천대교와 하늘 모두 적정 노출을
맞출 수 있다.

NIKON D700 | ISO 200 | F10 | 1/125sec | 24mm | EV 0

#3

광각렌즈로 인천대교와 송도신도시를 한번에 담을 수 있다. 17~30mm의 화각을 사용하면 송도 3교와 인천대교가 작게 표현되므로 30~40mm의 화각 대를 사용하여 담는다.

고층건물들의 조명은 일몰 직후보다는 매직 타임이 지나서 많이 켜지므로 일몰 전후로는 망원렌즈를 이용해 인천대교를 담는다.

촬영 포인트 ▶ **찾아가는 길** 인천 지하철 1호선 동춘역 4번 출구, 도보 30분 **내비게이션** 동춘터널, 인천 연수구 동춘1동
자가 정보 동춘터널 진입 전 우측에 주차

문학나들목 방향 동춘터널 들어가기 직전 우측으로 주차가 가능한 지역이 나오는데 동춘터널 위
쪽으로 공원이 조성되어 있다. 공원에서 인천대교 반대방향에 있는 뒷산으로 오르면 좀 더 높은
위치에서 인천대교를 촬영할 수 있다.

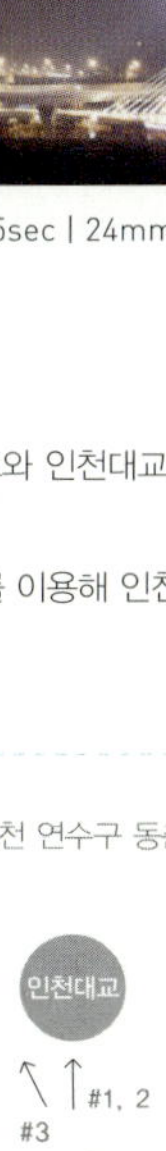

024 불꽃 쇼를 보는 듯 화려한 풍경 **수원 장안문**

조선 후기 새로운 서울이 될 수도 있었던 수원 화성의 정문으로 중층 누각형식의 장안문은 밤이 되면 수원 시내를 호령하듯 한껏 위용을 뽐낸다. 장안문 앞의 화려한 차량 궤적은 불꽃 쇼를 보는 듯하다.

준비물 광각줌렌즈(17~40mm), 표준줌렌즈(24~70mm), 삼각대, 유무선 릴리즈, 손전등

주 피사체인 장안문과의 거리가 가까우므로 광각렌즈로 촬영한다. 표준줌렌즈로는 장안문의 부분적인 모습을 담는다. 벌브 모드(B) 촬영을 위해 유무선 릴리즈와 삼각대는 필수이며, 옥상을 오를 때 어두워서 손전등이 필요하다.

촬영 길잡이 **난이도** 중 **계절** 사계절 **시간** 오후 6~9시 **포인트** 장안문과 차량 궤적

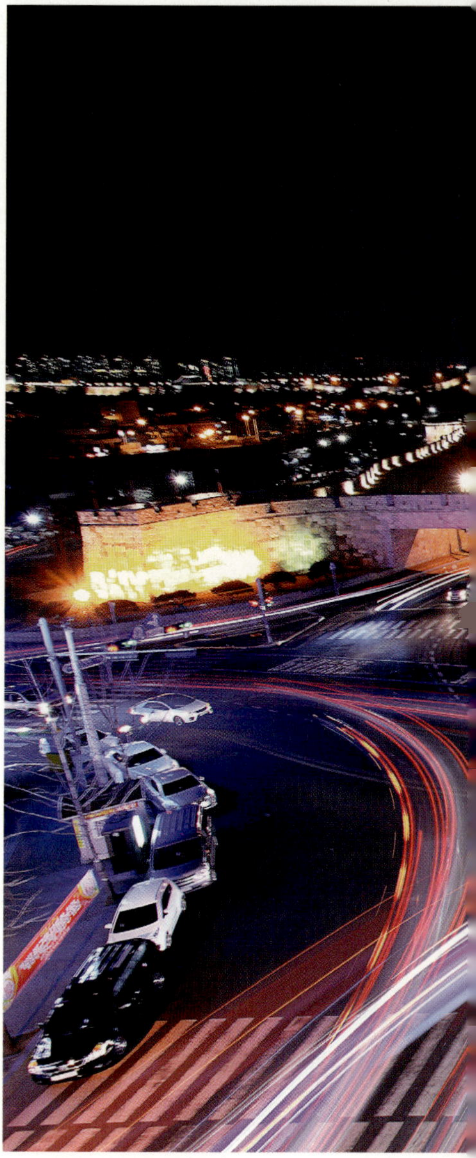

#1

장안문과의 거리가 가까워 17mm 이상의 광각렌즈로 장안문과 차량 궤적이 포함되도록 프레임을 구성한다. 유무선 릴리즈를 활용하여 각 차선 신호별 벌브모드(A)로 10~15초 간격으로 촬영한다. 각 신호별 차량 궤적을 3~4장 촬영하여 합치면 각 방향의 궤적을 표현할 수 있다.

Canon EOS 5D Mark II | ISO 100 | F11.0 | 15sec | 17mm | 궤적합성

Canon EOS 5D Mark II | ISO 100 | F16.0 | 20sec | 17mm

 #2

차량 궤적을 합성하기 위한 각 신호별 부분 사진이다. 사진에 많은 차량 궤적을 포함해 풍부한 색을 표현하기 위해 조리개를 F16으로 조이고, 셔터속도를 20초까지 확보한다. 차량의 정면에서 촬영되는 불빛은 대부분 노란빛이므로 버스의 푸른색과 초록색이 포함되도록 다채로운 색으로 촬영한다.

 #3

장안문은 정문 바깥에 옹성을 반원형으로 두르고 높은 석축 위에 중층 누각을 지은 독특한 형식으로 축조되었다. 표준줌렌즈로 프레임 안에 꽉 차는 장안문과 사람, 차량 궤적을 표현해보자. 사람을 선명하게 표현하기 위해 셔터속도를 4초로 설정하여 궤적으로 표현되지 않도록 촬영하였다.

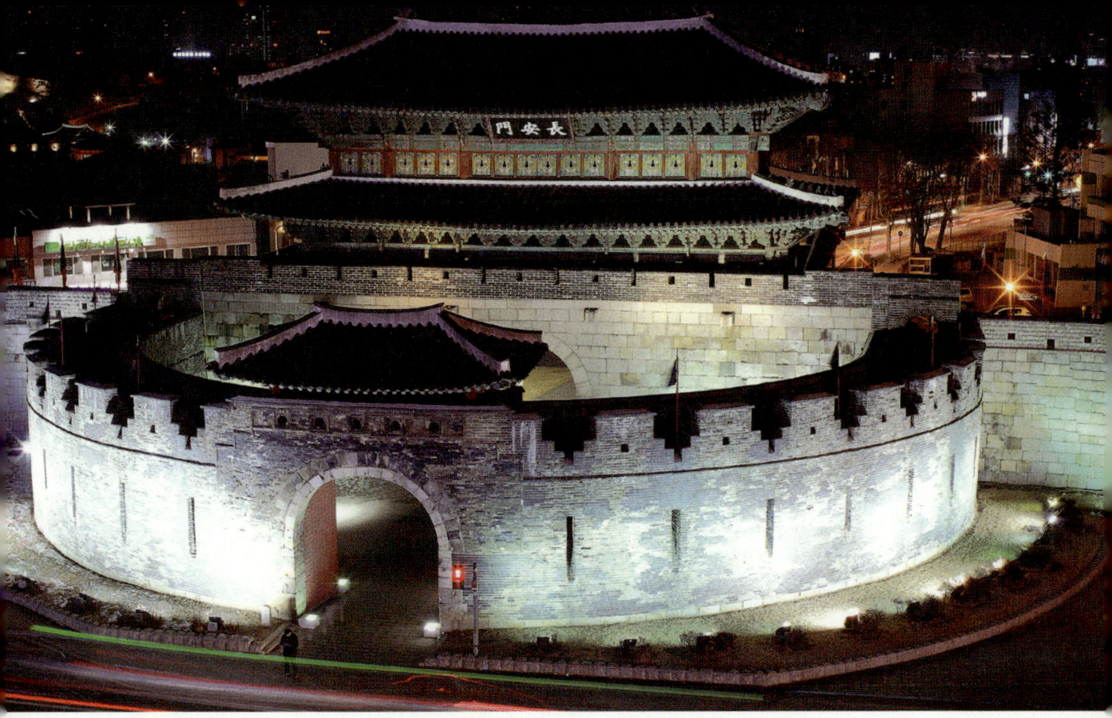

Canon EOS 5D Mark II | ISO 100 | F9.0 | 4sec | 50mm

촬영 포인트 **찾아가는 길** 장안문 앞 건물 옥상 | 지하철 1호선 수원역에서 버스로 20분 정도 소요 | 버스 310, 7-2, 60, 66-4, 7-1, 700-2, 5, 66, 82-1 **내비게이션** 장안문, 경기도 수원시 팔달구 장안동 **자가 정보** 수원화성 주차장에 주차

상가 건물 3~4층 높이에서 장안문을 내려다보며 입체적으로 담는 포인트다. 수원 장안문 앞 수노래방 건물 입구로 올라 옥상에서 촬영한다. 낡은 사다리를 타면 한 층 더 옥상에 오를 수 있는데, 사다리 상태가 부실하고 난간이 없어 위험하니 주의한다.

Canon EOS 400D | ISO 100 | F2.8 | 1/250sec | 85mm

하늘공원 메타세쿼이아길 025

서울에서도 담양의 메타세쿼이아길 만큼 멋진 사진을 촬영할 수 있는 곳이 하늘공원 옆으로 있는 메타세쿼이아 길이다. 봄·여름·가을·겨울, 아침과 저녁에 다채로운 모습을 보여주고 사진으로 촬영할 수 있어 좋은 곳이다. 남이섬 은행나무 길처럼 나무숲과 인물을 조화롭게 배치해도 좋다.

준비물 광각줌렌즈(17~40mm), 망원줌렌즈(70~200mm), 삼각대, 유무선 릴리즈

광각렌즈를 이용하여 세로구도로 길의 전체적인 장면을 구성해도 좋고, 30~50mm의 표준 줌 구간에서 한 부분을 구성해도 좋다. 85~200mm의 망원렌즈를 이용해 연속적으로 나열된 나무를 배경으로 인물사진을 촬영하기에도 좋다.

촬영 길잡이 **난이도** 중 **계절** 사계절 **시간** 오전 10시~오후 7시 **포인트** 메타세쿼이아길

#1

X자 양대각선 구도로 쉽게 안정적인 프레임을 구성할 수 있는데 가로구도는 녹색의 싱그러움과 대비되는 진득한 갈색 나무와 길을 표현할 수 있고, 세로구도는 곧게 뻗은 나무를 전체적으로 표현할 수 있다. 광각렌즈의 표현도 좋지만 망원렌즈를 이용해 공간을 압축적이고, 깔끔하게 담아내는 것을 추천한다. 조리개를 F2.8 정도로 개방하여 촬영하면 사진처럼 원근감이 표현된 사진을 얻을 수 있다.

NIKON D700 | ISO 200 | F2.8 | 100sec | 85mm | EV +0.3

반복되는 메타세쿼이아 나무는 안정적인 구도로 촬영하면 지루할 수 있다. 이때 인물을 프레임 한 편에 촬영하면 지루함과 단조로움을 피할 수 있다. 조리개우선모드(A)로 촬영하고 조리개는 F2.8로 최대한 개방하여 촬영한다. 배경의 압축적인 느낌을 위해 광각보다는 85mm 이상의 망원렌즈로 촬영한다. 일반모델의 경우 표정이나 포즈가 부자연스러울 수 있는데 자연스러운 포즈를 위해 이야기나 웃음으로 긴장을 풀어주는 것이 좋다.

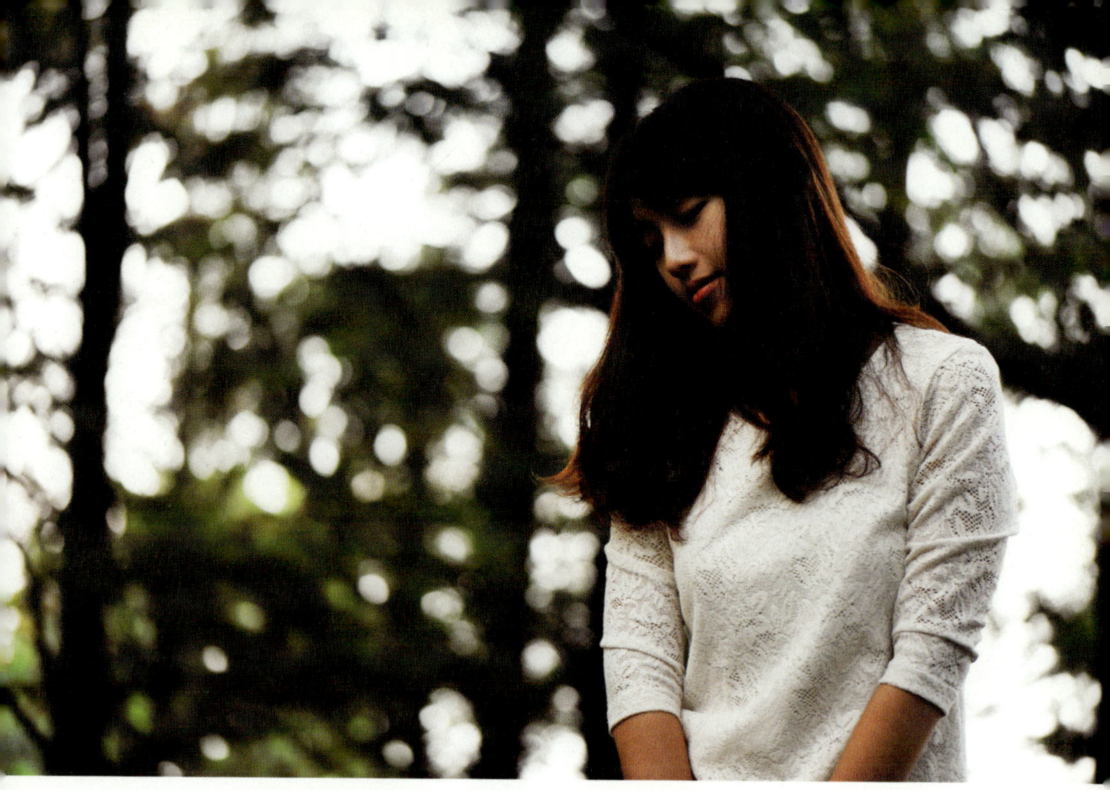

NIKON D700 | ISO 200 | F2 | 1/80sec | 85mm | EV +0.3

#3

이른 아침이나 해 질 무렵에는 태양의 고도가 낮아져 역광 방향에서 태양 빛이 몽글몽글 지도록 촬영할 수 있다. 인물은 또렷하고 주변은 아웃포커싱 되는 보케 사진을 촬영하려면 조리개를 최대한 개방(F2.8 이하)해야 빛방울을 크게 촬영할 수 있다.

NIKON D700 | ISO 200 | F1.8 | 1/125sec |85mm | EV 0

#4

비눗방울 소품을 활용해 촬영한 사진이다. 비눗방울이 순간적으로 터지므로 최소한 1/100sec 정도의 셔터속도를 확보해 순간을 놓치지 않도록 한다. 인물이 또렷이 주목받을 수 있도록 아웃포커스(F 1.8)로 촬영하였으며 마크로렌즈나 단렌즈, 망원렌즈로 촬영하면 배경이 겹치는 정도를 높일 수 있다. 이외에도 헤드폰이나 자전거, 기타 등 다양한 소품을 활용하면 스토리가 담긴 사진을 촬영할 수 있다.

촬영 포인트 **찾아가는 길** 지하철 6호선 월드컵경기장역 1번 출구로 나와서 노을공원 방향. 도보로 30분 정도 소요 **내비게이션** 서울시립미술관 난지미술장착스튜디오(서울특별시 마포구 하늘공원 108-1) **자가 정보** 강변북로에서 성산대교 지난 후 우측으로 서울시립미술관 난지스튜디오로 빠지는 길이 있음. 난지한강공원에 주차한 후 난지 하늘다리를 통해 도보로 이동해도 됨.

하늘공원 남단. 난지미술장착한강공원 길 건너에 위치해 곧고 나란히 배열을 이루고 있는 메타세쿼이아 길은 봄이면 옆으로 노란 개나리가 흐드러지게 피고, 여름에는 울창한 녹음이 우거지며, 가을에는 붉은 낙엽이, 겨울에는 마치 겨울연가의 한 장면 같은 다채로운 풍경을 연출한다. 태양이 높이 떠 있는 때보다는 이른 아침이나 해 질 녘의 빛이 들어올 때 예쁜 사진을 얻기가 좋다.

NIKON D700 | ISO 400 | F2.8 | 1/80sec | 105mm

026

바다를 보며 오붓한 이야기를 나눠볼까
북성 포구

배는 드나들지 않고 이름만이 남아있는 북성 포구에서 일몰 풍경과 야경 그리고 별 궤적을 담을 수 있다. 찾는 이들이 많지 않은 지역이어서 바다를 보며 친구, 연인과 함께 오붓하게 담소를 나누기 좋은 곳이다.

준비물 광각줌렌즈(17~40mm), 표준줌렌즈(24~70mm), 삼각대, 유무선 릴리즈, 인터벌 릴리즈, 손전등, 핫팩, 외투
50mm의 표준 구간에서는 다소 답답한 느낌의 프레임을 구성하게 되므로 광각 렌즈가 필요하다. 별 궤적 촬영을 위해서 인터벌 릴리즈를 지참하고, 주변이 어두우므로 손전등이 필요하다. 일몰 이후 쌀쌀해지므로 외투와 핫팩 등을 준비한다.

촬영 길잡이 **난이도** 상 **계절** 사계절 **시간** 일몰~새벽 **포인트** 북성 포구 야경

#1

맞은편의 대성목재 공장을 바라보며 바닷물의 반영과 함께 별 궤적을 촬영한다. 인터벌 릴리즈로 셔터속도를 30초, 조리개를 F4~5 사이에 둔다. ISO는 100~400 사이에서 공장과 별이 노출 오버되지 않도록 설정하여 촬영한다. 30초씩 1~3시간 정도 촬영해 합성하면 충분한 궤적을 얻을 수 있다.

Canon EOS 5D Mark II | ISO 100 | F5.0 | 30sec | 20mm | 궤적합성

Canon EOS 5D Mark II | ISO 400 | F7.1 | 1/320sec | 17mm

#2

17mm 광각렌즈를 이용하여 북성 포구의 일몰 풍경을 담는다. 일몰 후 하늘이 오렌지색과 붉은색, 푸른색으로 바뀌며 다채로운 색감의 하늘을 보여준다. 노출을 설정할 때 공장보다 하늘에 맞추어 구름과 굴뚝 연기의 디테일을 중점적으로 확인하고, 공장은 실루엣으로 어둡게 표현한다.

일몰 직전은 삼각대를 사용할 정도로 광량이 부족하진 않기에 ISO를 400 이상으로 올려 셔터속도를 확보하여 촬영한다. 전체적으로 선명하게 담기 위해 조리개는 F7.1 정도로 조여 준다.

Canon EOS 5D Mark II | ISO 100 | F7.1 | 1/800sec | 50mm

#3

대한제당 공장에 태양이 반쯤 걸쳐질 때 조리개를 F7.1 이상으로 설정하여 촬영하면 일몰의 빛이 사진과 같이 오렌지 빛 갈라짐이 나타난다. 만약 셔터속도가 부족해 사진이 흔들리면 ISO를 높여서 셔터속도를 확보하고 촬영한다. 예쁜 빛 갈라짐을 얻기 위해서는 단렌즈를 사용한다.

#4

일몰 후 목재공장에 불빛이 켜진다. 조리개를 F8.0 정도로 설정하여 단렌즈로 촬영하면 아름다운 빛 갈라짐과 장노출로 인한 굴뚝 연기의 궤적을 촬영할 수 있다. 굴뚝의 연기 방향과 바닷물에 비치는 공장의 반영을 고려하여 프레임을 구성하는데 30~50mm의 표준 화각으로 촬영한다.

촬영 포인트 **찾아가는 길** 지하철 인천역 1번 출구, 대한제분소 방향, 도보로 20분 **내비게이션** 월미도입구삼거리 또는 대한제분소, 인천광역시 중구 북성동 **자가 정보** 북성 포구 뒤쪽에 주차 가능

처음 북성 포구를 찾을 때 길을 찾기가 매우 어렵다. 인천역을 기준으로 월미도입구삼거리까지 걸어간 뒤에 대한제분소 방향으로 길을 꺾으면 대한제분소를 앞에 두고 직진하는 2개의 길이 보이는데 우측편은 대한제분소 내부로 들어가는 길이고, 좌측의 길이 북성 포구로 가는 길이다.

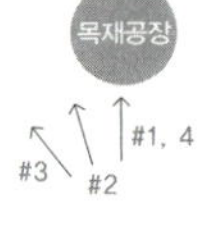

Canon EOS 5D Mark II | ISO 100 | F8.0 | 20sec | 50mm

Canon EOS 5D Mark II | ISO 100 | F5.0 | 1/320sec | 50mm

홀로 선 나무가 낭만적인 곳 우음도 027

마음이 답답해질 때 지평선이 끝없이 펼쳐진 우음도로 떠나고 싶어진다. 우음도에 도착하면 차 소리도 사람 소리도 모두 지워진 채 덩그러니 서 있는 나무들과 고요함이 나를 반겨준다.

준비물 광각줌렌즈(17~40mm), 표준줌렌즈(24~70mm), 삼각대, 유무선 릴리즈.

지평선을 광각렌즈 위주로 촬영한다. 단, 최대 광각에서의 지평선 왜곡을 고려하여 30~40mm의 화각으로 촬영하는 것이 좋다. 바람이 많이 불면 삼각대를 이용해 저속 셔터속도로 갈대의 움직임을 촬영한다.

촬영 길잡이 **난이도** 하 **계절** 가을(9~11월) **시간** 오후~일몰 전 **포인트** 우음도 갈대밭

#1

광각렌즈로 담아도 좋지만, 피사체가 너무 작게 표현되기에 30~50mm 화각의 표준줌렌즈를 사용하여 지평선을 깔끔하게 촬영하는 포인트다. 촬영 시에 지평선을 잘 맞추어 후보정 시 트리밍으로 인한 화각 손실이 발생하지 않도록 한다.

매뉴얼모드(M)나 조리개우선모드(A)를 사용하여 조리개를 F5.0 이상으로 설정한다. 우음도 풀의 색이 일정치 않고 지저분하면 역광을 이용하여 실루엣 느낌이 나도록 촬영한다. 촬영 후 후보정을 통해 흑백이나 세피아톤의 느낌으로 보정하는 것도 추천한다.

Canon EOS 5D Mark II | ISO 100 | F2.8 | 1000sec | 50mm

홀로 서 있는 나무와 함께 인물을 담아도 좋
다. 방향을 잡을 때 되도록 지평선 쪽으로 촬
영하고, 나무와 인물을 가깝게 배치하거나 멀
게 배치해도 좋다.

50mm 단렌즈로 나무를 무릎 앉아 자세로 촬
영 중인 인물을 담았다. 인물과 나무를 같은
선상에 배치하고 이를 강조하기 위해 조리개
를 F2.8로 개방하였다. 조리개 개방으로 앞의
수풀과 배경이 흐림 처리가 되었다. 촬영 시
구름이 있어 하늘의 계조를 살리고자 한다면
그러데이션 필터를 사용하여 하늘의 노출 오
버를 억제하여 촬영한다. 일몰 시 극적인 느낌
을 주기 위해서는 컬러 그러데이션 필터를 사
용하는 것도 하나의 방법이다.

Canon EOS 5D Mark II | ISO 100 | F3.5 | 1/2000sec | 50mm

오후의 강렬한 태양으로 우음도와 나무를 선의 형태가 돋보이는 실루엣으로 촬영한다. 프레임 구성 시 태양을 나무의 정 가운데 위치하게 하고 평균보다 다소 낮은 앵글로 잡아 태양이 프레임 안에 위치하도록 설정한다. 앞의 나무를 돋보이게 하고 뒤편에 위치한 나무와 산의 형태를 많이 뭉개지지 않게 조리개를 F3.5 정도로 개방하였다. 컬러로 촬영하고 깔끔한 느낌을 위해 흑백처리 하였다.

Canon EOS 5D Mark II | ISO 100 | F1.2 | 1/4000sec | 50mm

#4

우음도 촬영 시 사전에 붉은 천을 준비하여 강렬한 느낌
의 인물 촬영을 하였다. 바람에 흩날리는 천의 자유로운
느낌을 위해 붉은 천을 사람이 뒤에서 잡고 손이 나오지
않게 촬영하였다. 조리개는 F1.2로 사람과 천에 초점을 맞
추었고 세로구도를 통해 수풀과 사람, 하늘의 적정 비율
을 설정하였다. 셔터속도는 천이 바람에 흩날려 흔들리지
않도록 1/4000의 셔터속도로 촬영하였다. 촬영 후 보정
시 붉은 천의 색감을 극대화하도록 전체적인 풍경을 세
피아 톤으로 보정하고 붉은색 천의 이미지는 그대로 두
었다.

찾아가는 길 수원역에서 400번,
400-1번, 1004번을 타고 사강으로, 사강에서 하루에 3
대(07:10, 12:10, 18:00) 있는 버스를 타고 우음도로 간다.
내비게이션 공룡알화석지, 경기도 화성시 송산면 고정
리 **자가 정보** 도로변에 주차할 수 있다.
공룡알화석지 입구에서 직진하여 도로를 따라 2km 지
나면 고속도로 밑을 통과하게 되는데 들판이 펼쳐져
있다.

028 바다 만나러 가는 길 **오이도**

빨간 등대는 나를 바다로 이끄는 안내자다.
파란 하늘, 하얀 구름, 빨간 등대의 조화는
언제나 나를 미소 짓게 한다.

준비물 표준줌렌즈(24~70mm), 망원줌렌즈(70~
200mm)
표준줌의 준망원 영역과 망원렌즈를 이용하여 오이도 빨간
등대를 클로즈업해 담는다. 표준줌렌즈로 등대의 전체적인
풍경을 담아도 좋다.

촬영 길잡이 **난이도** 하 **계절** 사계절 **시간** 오전~오후
포인트 오이도 빨간 등대

#1

광각렌즈 화각으로는 등대 주변으로 부속건물과 상점
및 간판 등이 함께 담기므로 표준과 망원렌즈를 이용해
사진과 같이 등대의 윗부분만 하늘에 떠 있는 전망대처
럼 담는다.
하늘이 맑고 구름이 있다면 조리개를 F9.0으로 조여 촬
영하고, 밝은 느낌을 위해 한 스탑 노출 오버로 촬영한
다. 사람들이 항상 붐비기 때문에 사람을 의식하지 않
고 촬영한다.

Canon EOS 400D | ISO 100 | F9.0 | 1/800sec | 85mm

Canon EOS 400D | ISO 100 | F7.1 | 1/4000sec | 85mm

#2

오이도 선착장에서 썰물 때의 개펄을 배경으로 사진을 담았다. 개펄에서 일하고 있는 사람이 배경 안에 포함되도록 프레임을 구성한다. 피사체의 위치에 따라 가까울 경우에는 광각렌즈를 사용하고 멀 경우에는 망원렌즈를 사용한다.

전체적으로 선명하도록 조리개우선모드(A)로 설정하고 조리개는 F7.1로 둔다. 간혹 구름이 있을 때는 빛이 통과되며 빛 내림이 생길 경우가 있는데, 구름의 움직임을 관찰하며 빛 내림을 포착하면 좀 더 멋진 사진을 담아낼 수 있다.

Canon EOS 5D Mark II | ISO 100 | F8.0 | 1/8000sec | 85mm

#3

사진은 밀물 때 물이 가득한 오이도 선착장 사진이다. 오이도는 가족, 연인 단위로 구경 오는 사람들이 많으므로 일몰 즈음 이들을 실루엣으로 담는다.

실루엣 표현을 위해 조리개를 F8.0으로, 셔터속도를 1/8000초까지 올려 설정하였다. 프레임 구성 시 태양을 마주 보는 위치에 두면 바닷물에 태양 빛이 반사되어 극적인 장면이 연출된다.

촬영 포인트 ▶ **찾아가는 길** 지하철 4호선 오이도역 2번 출구, 버스 30-2번으로 오이도 중앙로 입구 정류장 하차 **내비게이션** 오이도 등대, 경기도 시흥시 오이도 중앙로6번길 **자가 정보** 주차는 오이도 주차장을 이용할 수 있다.

오이도를 찾아가기 전 날씨를 알아보고 가는 것을 추천한다. 빨간 등대를 제외하고는 특색 있는 피사체가 없으므로 날씨가 좋지 않을 때에는 그만큼 찍을 거리가 적어진다. 하늘이 맑고 구름이 많은 여름에 방문하는 것을 추천한다.

029 바다 위로 펼쳐지는 우주쇼
시화호 철탑

오이도에서 대부도로 넘어가는 시화방조제를 지나가다 보면 바다 위를 일렬로 길게 늘어선 철탑을 볼 수가 있다. 나란히 늘어서 있는 모습이 장관인 이곳은 일 년에 두 번 송전탑 사이에서 붉은 태양이 떠오르는 일출로도 유명하다.

준비물 광각줌렌즈(17~40mm), 표준줌렌즈(24~70mm), 망원줌렌즈(70~200mm), 삼각대, 유무선 릴리즈, 인터벌 릴리즈, 핫팩, 손전등, 두꺼운 외투
촬영 포인트에서 철탑과의 거리가 멀어 일렬로 나란한 모습을 촬영하기 위해서는 100mm 이상의 렌즈로 촬영해야 한다. 별 궤적촬영을 위해 인터벌 릴리즈를 챙기고 야간과 새벽에 기온이 떨어지므로 핫팩과 두꺼운 외투를 준비한다. 주위에 조명이 부족하므로 손전등도 필수다.

촬영 길잡이 **난이도** 상 **계절** 봄, 가을(5, 9월) **시간** 일몰 후~일출 **포인트**
시화호 송전탑

대칭형의 철탑이 주 피사체이지만 시정이 좋은 날, 별과 함께 담으면 구조물과 자연의 대조적인 풍경을 담을 수 있다. 야간촬영으로 삼각대와 릴리즈를 이용하여 담는다.
별 궤적 촬영법은 30초 이상의 셔터속도로 인터벌릴리즈를 이용해 1~3시간 촬영하여 궤적을 합성하는 방식이다.
점상 촬영법은 별이 정지된 모습을 담는 방법으로 이를 위해 셔터속도가 30초를 넘기지 않도록 ISO를 높이고 조리개를 개방하여 촬영한다. 30초를 넘기지 않는 이유는 30초 이상으로 촬영하면 지구 자전으로 별이 흐르는 형상으로 담기기 때문이다.

Canon EOS 5D Mark II | ISO 400 | F4.0 | 30sec | 30mm | 궤적합성

Canon EOS 5D Mark II | ISO 250 | F8.0 | 1/125sec | 36mm

#2

동이 트며 어둠이 깨어날 때 검푸른 바다와 붉은 하늘이 공존하는 시화호 송전탑의 사진을 담아보자. 별 점상 촬영과 별 궤적에서 구름 때문에 방해를 받았다면 이번에는 구름을 소품으로 사용한다.

흔들림 방지를 위해 카메라를 삼각대에 올려놓고 ISO를 셔터속도가 확보될 수 있도록 250~400으로 올려서 촬영한다.

송전탑과 하늘이 포함되도록 30mm 정도로 촬영하며, 송전탑과 하늘을 더 부각하기 위해 세로구도로 촬영해도 좋다.

촬영 팁으로 구름도 없고 여명도 밋밋하다면 송전탑 주위를 떠도는 갈매기를 프레임에 포함해 담는다. 단조로운 풍경 사진에 생동감을 불어넣어 줄 수 있다.

Canon EOS 5D Mark II | ISO 100 | F8.0 | 100sec | 135mm

#3

같은 위치에서 망원렌즈를 이용해 시화호 송전탑 일출 사진을 담았다. 맨 앞의 송전탑은 송전선이 우에서 좌로 연결되어 연속성이 떨어지므로 두 번째 송전탑부터 프레임에 포함한다. 사진은 135mm로 촬영되었으며 화면 가득 찬 프레임 구성을 위해 그 이상의 망원으로 촬영하면 좋다. 일렬로 나란히 서 있는 송전탑을 선명하게 표현하기 위해 조리개를 F8.0 이상으로 설정했을 때 광원이 충분하지 않으므로 반드시 삼각대를 사용한다. 수평선의 가스층 때문에 일출이 확실하게 보이지 않아도 잠시 기다리면 사진과 같은 사진을 촬영할 수 있다.

시화호 송전탑 사이로 태양이 떠오르는 시기는 4월, 9월경으로 1년에 두 번 있다. 매년 날짜가 달라지므로 사진클럽사이트와 시화호 일출 검색을 통해 정확하게 가운데로 일출이 시작되는 날을 선정하는 것이 중요하다. 일출 당일에는 사람이 운집하므로 좋은 자리를 잡기 위해서는 일출 시각보다 2~3시간 전에 도착하면 좋다.

Canon EOS 5D Mark II | ISO 400 | F4.0 | 30sec | 30mm

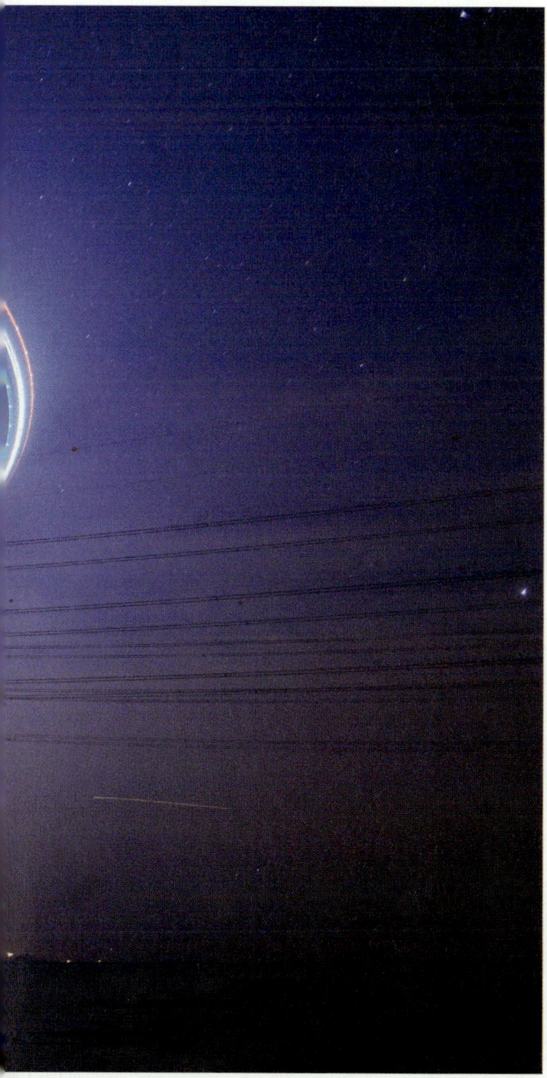

#4

셔터속도를 30초 정도로 제한하고 촬영하는 별 점상 사진이다. 시화호 주변으로 비행기가 많이 지나는데 비행기의 궤적을 포함해도 새벽녘 송전탑 분위기를 아름답게 담아낼 수 있다.
AF 상태에서 송전탑의 붉은 등에 우선 초점을 잡은 후 MF 상태로 전환한 뒤에 촬영하면 송전탑에 초점을 맞추고 촬영할 수 있다. 셔터속도의 확보와 별의 반짝임을 위해 조리개는 F4.0으로 촬영한다.

촬영 포인트 **찾아가는 길** 방아머리 공원 입구에서 좌회전 후 직진, 시화방조제에서 차량으로 5분 **내비게이션** 방아머리 공원, 경기도 안산시 단원구 대부북동 **자가 정보** 방아머리 공원이나 철탑 입구 횟집 앞 주차장에 주차. 5분 정도 걸으면 철탑이 보인다.
대중교통편이 좋지 않으므로 차량을 이용한다. 방아머리 공원 입구에서 좌회전하여 직진하면 좌측으로 길게 늘어서 있는 송전탑이 눈에 들어온다.

송전탑
↑
#1, 2, 3

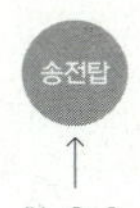

Canon EOS 5D Mark II | ISO 100 | F1.2 | 1/1250sec | 50mm

봄 내음 향긋한 계절 제주도로 유채꽃 구경을 가
는 것이 여의치 않다면 반포대교 남단에 위치한 서
래섬 유채밭에서 봄을 즐기는 것은 어떨까. 한강과
서울 도심을 배경으로 초록과 짙은 노랑의 유채꽃
이 한 폭의 그림과 같다.

준비물 광각줌렌즈(17~40mm), 표준줌렌즈(24~70mm), 표준
단렌즈(35, 50mm), 간단한 소품(모자 등)
광각렌즈를 이용하여 서래섬 유채밭의 전체적인 풍경을 촬영하고,
표준줌렌즈와 단렌즈로 조리개를 개방하여 촬영한다. 서래섬 내부
에 특별한 조형물이나 피사체가 부족한 편이므로 모자 등의 간단
한 소품이나 콘셉트를 정하여 촬영하면 단조로움을 피해 촬영할
수 있다.

촬영 길잡이 **난이도** 하 **계절** 봄(4~5월) **시간** 오전~오후
포인트 유채밭

 **#1**

서래섬 안에서 꽃구경하는 연인과 가족을 꽃이 흩날리는 듯
한 느낌으로 담기 위해 조리개를 F1.2~2.8 정도로 개방하여
촬영한다. 사진의 전체적인 수평을 뒤편의 동작대교로 설정
하고 촬영한다.

Canon EOS 5D Mark II | ISO 100 | F1.2 | 1/200sec | 50mm

Canon EOS 5D Mark II | ISO 100 | F4.0 | 1/500sec | 17mm

#2

하이앵글을 이용해 광각렌즈로 인물을 담았다. 한두 곳
개방된 장소에서 모델을 앉게 하고 촬영한다. 조리개는
배경이 되는 유채꽃까지 선명하게 담아낼 수 있도록 설정
하며, 셔터속도는 한스탑 노출 오버로 촬영해 꽃과 인물
을 밝게 촬영한다.

Canon EOS 5D Mark II | ISO 100 | F1.4 | 1/500sec | 50mm

#3

일몰이 지는 한강을 배경으로 유채꽃을 담아보는 포인트다. 유채꽃이 피는 4월 말에서 5월경에는 동작대교와 63시티 방향으로 해가 저문다. 노란 유채꽃에 붉게 어린 서래섬 유채밭 일몰 풍경을 담는다.

조리개를 F1.2~2.8로 개방하고 1/1000초 이하의 셔터속도로 유채꽃의 노출을 확보해 유채꽃을 밝게 표현하고 동작대교의 배경은 하이라이트로 촬영한다.

촬영 포인트 ▶ **찾아가는 길** 지하철 9호선 구반포역 2번 출구나 신반포역 2번 출구로 나와 도보로 10~20분 이동하면 서래섬을 만날 수 있다. **내비게이션** 서래섬 **자가 정보** 반포한강공원 주차장

9호선 신반포역과 반포역에서 반포아파트 한강변으로 이동하면 동작대교와 반포대교 사이에 노란색으로 물들어 있는 서래섬을 찾을 수 있다.

031 일몰의 아름다움 강화도 장화리

서울에서 멀지 않은 강화도 장화리는 일몰과 오메가(Ω) 모양을 촬영할 수 있는 곳으로 유명하다. 저물어 가는 한 해의 일몰 오메가 촬영에 도전해보는 것은 어떨까.

 광각줌렌즈(17~40mm), 망원줌렌즈(70~200mm), 마크로렌즈, 삼각대. 유무선 릴리즈, 그러데이션 필터, 장갑. 두꺼운 외투, 핫팩

광각렌즈로 장화리 일대를 담고 망원렌즈를 이용하여 섬과 일몰 풍경을 확대하여 담는다. 망원렌즈 사용 시 셔터속도의 부족으로 흔들릴 수 있으므로 삼각대에 거치하여 촬영한다. 뷰파인더 근접 촬영을 위해서 마크로렌즈가 있으면 좋다. 하늘과 개펄의 노출 차를 극복하기 위해 그러데이션 필터를 사용하면 좋다. 겨울 촬영 시 바닷바람이 매우 차가우므로 장갑과 핫팩, 두꺼운 외투를 준비한다.

 난이도 중 계절 겨울(11~3월) 시간 일몰 시각 포인트 장화리 일몰

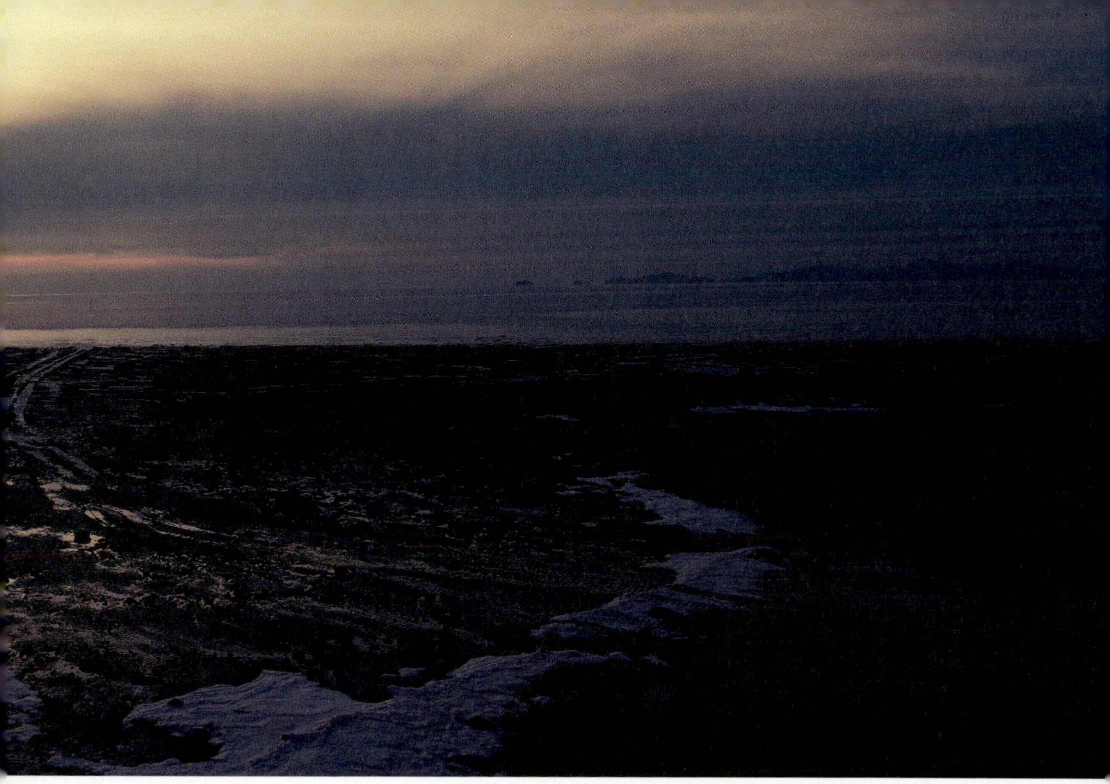

Canon EOS 5D Mark II | ISO 100 | F8.0 | 1/320sec | 17mm

#1

광각렌즈로 장화리 일몰 풍경을 개펄과 함께 담는다. 하늘과 개펄을 모두 담기 위해 17mm의 화각을 구성하고 선명한 장면을 담기 위해 조리개를 F8.0으로 설정하였다. 하늘의 구름과 일몰 빛에 노출을 맞추면 상대적으로 개펄이 어둡게 표현되는데 그러데이션 필터를 이용해 하늘과 개펄의 노출 차를 줄여준다.

Canon EOS 5D Mark II | ISO 100 | F4.0 | 1/500sec | 35mm

 **#2**

카메라가 일몰 풍경을 촬영하는 사진을 담았다. 광각렌즈와 표준줌렌즈를 사용한다. 광각렌즈를 장착한 카메라로 일몰 풍경을 촬영하고 LCD 창에 사진을 재생시킨 뒤 표준렌즈를 장착한 다른 카메라로 LCD에 재생 중인 사진과 풍경이 어우러지도록 촬영한다. 적절한 배경 흐림의 아련한 느낌이 들도록 조리개를 F4.0으로 개방한다. 카메라와 배경이 왜곡 없이 담기도록 20～40mm의 화각으로 담았다.

Canon EOS 5D Mark II | ISO 100 | F4.0 | 1/500sec | 35mm

#3

뷰파인더를 통해 눈으로 보는 느낌을 사진으로 담는다. 외딴섬을 확대하여 표현하기 위해 망원렌즈를 사용하고, 이것을 촬영하는 카메라는 초점거리가 짧은 광각렌즈나 마크로렌즈를 이용한다.

촬영 시 렌즈를 최대 망원 화각으로 설정하고 삼각대를 사용하여 피사체 카메라 뷰파인더에 가깝게 배치한다. 뷰파인더 특성상 정확하게 직사각형 형태로 담기 어려우므로 뷰파인더 상의 초점이 중앙에 오도록 촬영한다. 뷰파인더에 주제가 집중되도록 조리개는 F4.0으로 개방하여 촬영하면 좋다.

 찾아가는 길 대중교통으로 찾아가긴 어렵고 차량을 이용해 장화리 일몰 조망지를 검색하면 장화리 주민 자치센터에서 해변 방향에 있다. 내비게이션 강화도 장화리 일몰 조망지, 인천광역시 강화군 화도면 자가 정보 인근 도로 변에 주차

운이 좋다면 일몰과 오메가까지 촬영할 수 있는 곳이 강화도 장화리 일몰 포인트다. 겨울에 해가 동만도와 서만도 근처로 떨어져 섬과 함께 일몰을 촬영할 수 있다. 장화리 주민자치센터에서 해변 방향에 있는데 둑 위에서 촬영한다.

032 세미원
푸른빛 하늘과 분홍빛 연꽃이 보고 싶어

7~8월경에는 연꽃 정원이라 불릴 수 있을 정도로 넓은 연못에 연꽃이 조성되어 감성적인 풍경 사진을 담을 수 있다. 세미원의 연꽃은 크기가 매우 커 특별한 장비 없이도 예쁘게 사진을 담을 수 있다.

준비물 광각줌렌즈(12~24mm), 망원줌렌즈(70~200mm), 그러데이션 필터
광각렌즈로 세미원 연꽃 풍경을 전체적으로 담고, 망원렌즈로 연꽃의 모습을 확대해서 담는다. 전체적인 풍경을 담을 때는 하늘과 지상의 노출 차가 커서 그러데이션 필터를 사용하면 노출 차를 줄여줄 수 있다.

촬영 길잡이 **난이도** 하 **계절** 7~8월경 **시간** 오전~오후 **포인트** 연꽃

#1

양수대교를 전방에 두고 날씨에 따라 구도를 변화시키며 촬영한다. 하늘이 맑거나 구름이 많다면 양수대교를 위에서 2/3 정도의 위치에 배치해 연꽃과 교량 그리고 맑은 하늘이 조화롭게 구성되도록 프레임을 구성한다.
조리개우선모드(A)로 촬영하며 전체적으로 선명하게 담기 위해 F4.0 이상으로 설정한다. 이때 하늘과 연꽃의 노출 차를 줄이기 위해 그러데이션 필터를 이용하면 좋다. 만약 필터가 없다면 Raw 포맷으로 하늘에 노출을 맞추어 촬영하고, 후보정을 통해 연꽃의 어두운 부분을 살리는 방법을 사용한다.

Canon EOS 400D | ISO 100 | F4.0 | 1/2000sec | 12mm

NIKON D700 | ISO 200 | F2.8 | 1/2500sec | 26mm | EV 0

Canon EOS 400D | ISO 100 | F1.8 | 1/2000sec | 85mm

봉우리가 예쁘게 벌어진 연꽃을 발견하면 망원렌즈로 아웃포커싱을 이용해 촬영한다. 프레임을 구성할 때는 연꽃 하나만 있는 것보다 전후로 꽃과 잎을 배치하여 초점이 맞은 연꽃이 주목받도록 촬영한다.

조리개우선모드(A) F1.8 이하로 최대 개방해 촬영한다. 얕은 심도에서는 주변 방해물로 초점이 흐트러질 수 있으므로 촬영 후 초점이 맞았는지 확인한다.

Canon EOS 400D | ISO 100 | F4.0 | 1/500sec | 24mm

#3

비 온 후 연잎에 물이 고여 있는 경우가 있는데 적당한 피사체를 앞에 두어 초점을 맞추고, 연잎이 아웃포커싱 되면 물방울이 보케가 되어 반짝반짝 빛나게 촬영할 수 있다.

표준렌즈는 최소 초점거리가 멀어 촬영하기 어렵고, 광각렌즈로 최대 망원 영역을 이용하여 담는다. 조리개우선모드(A)로 설정하고 조리개는 F4.0 이하로 둔다. 사진에서는 피사체인 우렁이와 잎을 렌즈 가까이에 두고연잎들이 배경 흐림 되도록 촬영하였다.

촬영 포인트 ▶ **찾아가는 길** 중앙선 양수역 1번 출구, 도보로 15분 **내비게이션** 세미원, 경기도 양평군 양서면 양수로 93 **자가 정보** 세미원 주차장 이용

중앙선 양수역 1번 출구에서 체육공원 삼거리까지 10분 정도 직진한다. 체육공원 삼거리에서 좌회전하면 세미원 입구가 보이고 10분 정도 더 걸으면 연꽃을 볼 수 있다. 세미원과 두물머리는 가까운 편이므로 두물머리 일출 촬영 후 세미원을 방문해도 좋다.

남한강과 북한강이 한 곳에서 만나 두물머리라는 독특한 이름을 가지게 된 장소다. 사진촬영지로 많은 사랑을 받는 곳이지만 사랑하는 사람과 손을 꼭 붙잡고 일출을 보는 것도 좋지 않을까.

준비물 ▶ 광각줌렌즈(17~40mm), 망원줌렌즈(70~200mm), 마크로렌즈, 삼각대, 유무선 릴리즈, 그러데이션 필터, 장갑, 두꺼운 외투, 핫팩
전반적으로 광각렌즈가 사용된다. 일출 전 노출이 부족하므로 삼각대와 릴리즈를 준비하고 일출 시 노출 차를 줄이기 위해 그러데이션 필터를 사용한다.

촬영 길잡이 ▶ **난이도** 중　**계절** 사계절　**시간** 일출 시각　**포인트** 두물머리 일출

정암산 자락에 걸치는 두물머리의 일출 풍경을 담을 수 있는 포인트로 큰 은행나무 옆으로 새롭게 만들어진 작은 은행나무 공간에서 촬영한 사진이다. 정암산과 느티나무를 실루엣으로 표현하되 하늘과 노출 차가 심하면 그러데이션 필터를 사용한다. 일반적으로 촬영하는 단조로운 두물머리 풍경을 벗어나기 위해 사람을 모델로 세우거나, 두물머리에 있는 나룻배를 함께 담는다.

NIKON D700 | ISO 200 | F16 | 1/200sec | 24mm | EV 0

Canon EOS 5D Mark II | ISO 100 | F9.0 | 1/4sec | 25mm | Ev -1

#2

두물머리의 사계절 중 겨울에만 즐길 수 있는 사진이다. 한겨울 강물이 꽁꽁 얼었을 때 얼음 위에 올라 촬영하면 이런 느낌의 사진을 담을 수 있다. 얼음이 단단히 얼었는지 확인하고 들어가도록 한다. 삼각대는 바닥에 닿도록 다리를 최대한 벌리고 컬럼을 낮추어 세팅한다. 얼음 표면의 모양이 일정하여 사진이 심심하다면 갈라진 틈새를 주제로 담거나 얼음 속에 얼어있는 물체를 찾아 담는다.

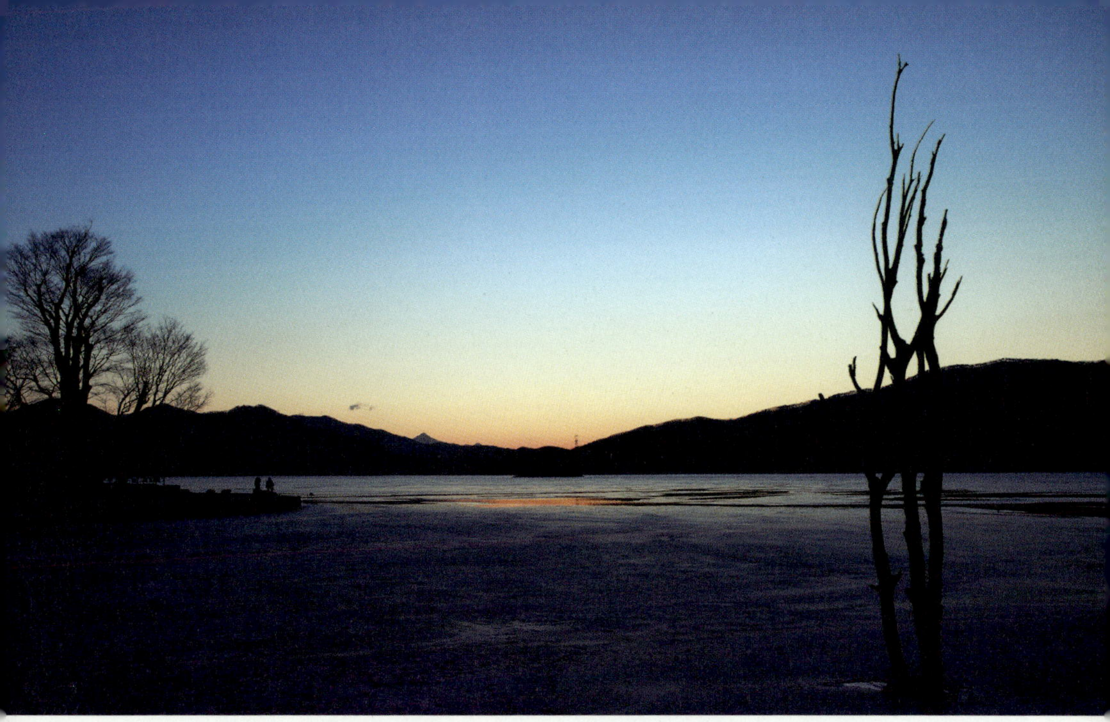

Canon EOS 5D Mark II | ISO 100 | F10.0 | 1/30sec | 17mm

#3

느티나무와 물속에 있는 나무 그리고 두물머리 일출을 광각렌즈로 담는다. 촬영 당시 계절은 겨울이어서 강물이 꽁꽁 얼어 극 지역 같은 분위기가 연출이 되었다. 다른 계절에 촬영한다면 물에 반영된 느티나무 풍경을 담을 수 있다.
화각은 25mm대를 선택하여 주변부의 왜곡이 심하지 않도록 하고, 조리개는 F9.0 이상으로 설정한다. 셔터속도는 정노출보다 한스탑 정도 언더로 촬영하여 산에 걸쳐진 일출 빛이 하얗게 날아가지 않도록 주의한다.

촬영 포인트 **찾아가는 길** 양평에 위치한 두물머리는 양수역에 내려서 찾아갈 수 있다. 이른 아침 일출 촬영을 위해 대중교통으로 찾아가기는 다소 어렵다. 자가용으로 찾아갈 경우 두물머리 주차장에서 도보로 5분이면 된다. **내비게이션** 두물머리, 경기도 양평군 양수면 양수리 **자가 정보** 두물머리 주차장에 주차 가능
두물머리 근처에 가면 물가에 반도처럼 튀어나온 지형에 큰 느티나무가 있어 포인트를 찾기는 어렵지 않다.

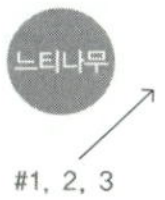

NIKON D700 | ISO 400 | F4 | 약 45min(30sec*90장) | 17mm | EV 0 | 궤적 합성

두물머리(양수리) 풍경이 한눈에 들어오는 곳이 소
화묘원이다. 어디 그뿐이랴 저 멀리 양평과 경기도
광주의 산자락이 병풍처럼 마주 선 곳이기도 하다.
고요한 어둠의 적막을 깨고 떠오르는 물안개와 아
침 해는 주변 풍경을 더욱 신비롭게 해준다.

준비물 광각줌렌즈(17mm~35mm), 표준렌즈, 망원렌즈, 삼각대,
유무선 릴리즈, 인터벌 릴리즈, 랜턴, 배터리
인터벌 촬영이 가능한 카메라 기종이나 인터벌 릴리즈가 꼭 필요하
다. 장시간 연속해서 촬영하므로 여분의 메모리나 배터리를 충분히
준비한다.

촬영 길잡이 **난이도** 상 **계절** 연중 **시간** 밤~새벽 **포인트** 별 궤
적, 일출

#1

별 궤적 사진을 촬영하기 위해서는 인터벌 촬영(일정 시간 동안
몇 초의 간격으로 연속 촬영하는 기능)이 지원되는 카메라나 릴
리즈가 필요하다. 물론 Bulb모드로 장시간 촬영해도 되지만 디지
털카메라의 특성상 CCD에 손상을 줄 수 있으므로 인터벌 촬영
을 추천한다. 사진을 촬영하려면 우선 북극성을(북두칠성의 국자
모양 맞은편에 위치) 찾고 그곳을 중심으로 프레이밍한 후 삼각
대에 카메라를 설치한다. 조리개를 개방해야 진한 별 궤적을 얻
을 수 있고, 30초 정도의 노출로 찍었을 때 별이 잘 찍히면 노출
값이 적당한 것이다. 배터리가 방전되지 않게 주의하고 방전되었
을 경우 배터리를 교체한 후 나중에 흔들린 사진만 빼고 사진 합
성 프로그램으로 합치면 된다. 또한, 렌즈에 김이 서리지 않도록
중간중간 융으로 닦아준다.

여명이 밝아오기 전 가장 어두울 때 두물머리 쪽 봉안대교와 자동차 궤적, 가로등을 함께 촬영한 사진이다. 물안개라도 끼는 날이면 더욱 신비로운 풍경을 보여준다. 자동차 궤적은 20~30초 정도 장시간의 셔터속도로 촬영해야 궤적이 촬영되며, 가로등 불빛을 갈라지게 촬영하려면 조리개를 F8 이상으로 조이는 것이 좋다. 칠흑같은 어둠 사이로 봉안대교의 자동차 궤적은 더 주목받는다. 멀리 여명이 밝아오는 주변 산의 실루엣 또한 좋다.

NIKON D700 | ISO 200 | F16 | 30sec | 35mm | EV 0

NIKON D700 | ISO 200 | F16 | 1/80sec | 195mm | EV 0

#3

붉은빛으로 밝아오는 여명은 산자락을 물들이고 산줄기의 실루엣을 부드럽고 풍요롭게 만들어 준다. 어슴푸레 밝아오는 강줄기의 모습이 운치를 더한다. 멀리까지 선명하게 촬영해야 하므로 팬포커스(조리개 F8 이상)로 촬영하고 불그스름한 산자락을 담기 위해 망원렌즈로 당겨 촬영했다. 화이트밸런스는 붉은색을 더욱 강조하기 위해 색온도를 붉게 조정해도 좋다.

촬영 포인트 ▶ **찾아가는 길** 대중교통을 이용해 가기는 쉽지 않다. 버스를 이용할 경우 팔당대교 정류장이나 능내리 봉안마을에 내린 후 약 1km를 걸어서 올라가야 한다. **내비게이션** 천주교소화묘원. 경기도 남양주시 조안면 능내리 산10 **자가 정보** 천주교소화묘원 주차장에 도착한 후 차로를 이용해 소화묘원 내부로 올라가면 정상 부근에 공터가 나오는 데 조금 더 위로 올라가면 두물머리가 마주 보이는 촬영 포인트가 있다.

035 고요함과 그윽함이
있어 평화로운 **선정릉**

성종과 정현왕후가 잠들어 있는 선릉과 중종이 잠들어 있는 정릉이 함께 있다 하여 부르는 선정릉은 강남의 고층 빌딩 사이에 위치한다. 도심에서 울창한 소나무 숲을 걸으며, 왕릉 구경과 함께 사진을 담아보자.

준비물 광각줌렌즈(17~40mm), 표준줌렌즈(24~70mm), 표준단렌즈(50mm)

왕릉과 소나무숲 등을 전체적으로 광각렌즈를 통해 담는다. 이번 장소는 특별한 준비물 없이 가벼운 마음으로 다녀올 수 있는 포인트다

촬영 길잡이 **난이도** 하 **계절** 사계절 **시간** 오전~오후 **포인트** 선정릉

선릉의 정자각에서 카메라를 바닥에 밀착시켜 19mm의 광각으로 촬영한다. 바닥에 대고 구도를 잡을 때 초점이 자연스레 하늘로 향하게 되므로 노출이 하늘을 중심으로 측정된다. 따라서 미리 지면의 적정 노출을 측정하고, 구도를 잡아야 지면이 어둡지 않게 촬영된다.

Canon EOS 5D Mark II | ISO 400 | F5.6 | 1/250sec | 19mm

정릉에서 선릉으로 내려가는 길에 빽빽하
게 자라고 있는 소나무들을 광각렌즈로
담았다. 소나무들의 키가 대체로 큰 편인
데 웅장한 느낌을 주기 위해 17mm 광각
에 로우앵글로 촬영한다. 소나무만 있는
풍경 사진도 좋고, 나무 사이사이에 사람
들이 서 있는 사진도 충분히 매력적이다.

Canon EOS 5D Mark II | ISO 400 | F4.0 | 1/160sec | 17mm

#2 사진 촬영하러 가기 전 언덕에서 촬영할 수 있는 사진이다.
오후 4~5시경 몽환적인 분위기를 연출 할 수 있다. 표준화각대
(24~70mm)로 인물을 중앙에 배치하고 정 노출보다 한두 스탑 오
버시켜 촬영하면 배경은 하얗게 날아가지만, 인물의 명암이 살아
나는 사진을 얻을 수 있다.

Canon EOS 5D Mark II | ISO 320 | F2.0 | 1/160sec | 50mm

Canon EOS 5D Mark II | ISO 100 | F2.0 | 1/1000sec | 50mm

#4

#3 사진과 같은 느낌으로 인물을 가깝게 배치하여 촬영하면 좀 더 선명한 인물과 나뭇잎을 통과한 원형 빛 망울을 배경으로 사진을 담을 수 있다. 인물은 스트로보를 사용하지 않아 어둡게 표현되나 석양의 따스한 빛이 백라이트처럼 작용하여 부드럽고 몽환적으로 표현된다. 조리개는 최대 개방으로 사용하고 적정 노출보다 한두 스탑 높게 노출을 결정하여 전반적으로 밝게 찍도록 한다. 간혹 프레임 안에 플레어가 표현되는데 이때 지나치게 플레어를 피하려 하지 말고 인물과 사선으로 배치하여 특수효과처럼 사용하는 것도 좋다.

촬영 포인트 **찾아가는 길** 지하철 2호선 선릉역 5~10번 출구로 나와 도보로 5분 이동하면 선정릉에 도착한다. **내비게이션** 선정릉, 서울시 강남구 선릉로00길 1 **자가 정보** 선정릉 주차장 이용
선정릉 입구에서 좌측으로 가면 선릉 정자각이 보인다. 이곳을 시작으로 정현왕후릉, 정릉까지 이동하며 원하는 사진을 촬영한다.

036 아름다운 빛깔로 피어나는 창덕궁 후원

조선 최고의 정원인 창덕궁 후원에서 붉게 물든 단풍을 바라보고 낙엽을 밟으며 시간을 거슬러 조선 시대 속으로 빠져보자.

준비물 광각줌렌즈(17mm∼40mm), 표준줌렌즈(24mm∼70mm)
창덕궁 후원의 풍경을 담기 위해서는 광각렌즈가 좋다. 표준줌렌즈로 풍경과 어우러진 인물사진. 낙엽 등의 스냅사진을 담는다.

촬영 길잡이 **난이도** 하 **계절** 사계절(9∼11월 가을) **시간** 오후∼일몰 **포인트** 창덕궁 후원

창덕궁의 정문인 돈화문으로 들어서서 후원의 불로문으로 들어서면 붉게 물든 단풍이 병풍처럼 서 있고, 연못에 반영되어 아름다운 애련정과 애련지를 볼 수 있다.

애련정을 오른편에 놓고 장락문과 연경당을 화각에 포함해도 좋다. 애련정을 오른편에서 보아 애련정과 애련지 그리고 담벼락을 따라 붉게 물든 단풍을 담는 것도 좋다. 광각렌즈를 사용하여 넉넉하게 연못의 풍경을 담는다. 선명한 사진으로 표현하기 위해 조리개는 F6.3 이상으로 설정한다.

Canon EOS 5D Mark II | ISO 100 | F6.3 | 1/160sec | 22mm

Canon EOS 5D Mark II | ISO 100 | F4.0 | 1/200sec | 40mm

#2

부용지로 향하는 길목에서 단풍이 물든 나뭇잎들이 역광으로 투명해지는 밝은 이미지를 담는다. 광각렌즈나 표준줌렌즈를 이용하여 30~40mm 화각으로 담는데 가로 이미지로 길을 사진 양쪽의 하단 모서리에 걸치게 하여 안정적인 느낌이 들도록 한다. 길보다는 좌우의 나무에 초점을 맞추어 웅장한 느낌을 표현하고 길 중간에 사람 등의 피사체를 두어 그림자와 함께 담으면 좋다.

역광시 정노출로 담게 되면 어둡게 표현되므로 셔터속도를 낮추어 정노출보다 한두스탑 낮게 담으면 햇살이 통과된 나뭇잎이 투명하게 표현되는 아름다운 사진을 담을 수 있다.

애련지에서 촬영을 하고 장락문으로 들어서면 사대부들의 집과 유사한 구조로 되어 있는 연경당을 만날 수 있다. 내부를 구경할 수 있도록 각 방의 문이 열려 있고, 열려진 문을 구조적 프레임으로 사용하여 붉은 단풍과 함께 담는다. 연경당 사랑채의 뒤편에서 장락문을 바라보는 방향으로 촬영한다.

프레임으로 사용되는 창호지 문과 피사체를 선명하게 표현하기 위해 조리개를 F4.0 이상으로 설정하여 촬영한다. 어두운 곳을 적절히 살릴 수 있도록 한두 스탑 밝게 촬영하고 후보정을 통해 단풍과 피사체의 노출을 줄여준다.

Canon EOS 5D Mark II | ISO 100 | F4.0 | 1/200sec | 40mm

Canon EOS 5D Mark II | ISO 100 | F4.0 | 1/400sec | 34mm

#4

기와 위에 소복하게 얹혀진 단풍으로 가을 분위기
를 담아보자. 연경당에서 촬영한 사진으로 안채와
사랑채를 지나는 문 뒤에 붉은 단풍이 어우러져 아
름다운 풍경을 자아낸다.

광각렌즈와 표준줌렌즈를 이용해 촬영하며 17mm
영역의 화각을 이용해 넓게 기와를 왜곡시켜 촬영
해도 좋다. 깔끔한 느낌을 위해서 34mm의 화각으
로 기와를 사진의 하단부 1/3지점에 위치시켜 안정
감을 주도록 촬영했다.

촬영 포인트 ▶ **찾아가는 길** 지하철 3호선
안국역 3번 출구로 나와 도보로 5분 이동하면
창덕궁을 만날 수 있다. **내비게이션** 창덕궁. 서
울시 종로구 율곡로 99번지 **자가 정보** 창덕궁
주차장에 주차 가능

창덕궁 후원을 방문하기 위해서는 사전 관람 예
약을 해야 한다. 창덕궁 홈페이지에서 관람 예약
을 할 수 있으며 10시부터 15시까지 30분 간격
으로 선택할 수 있다. 후원 관람은 안내원을 따
라 관람하므로 자유로운 사진 촬영 및 동선 설
정이 어려운 점이 있다.

037 미래도시처럼
이국적인 야경
송도 트라이볼

시원하게 뻗은 고층빌딩과 물에 반영된 미래 도시의 풍경을 담고 싶다면 송도 신도시로 가보자. 거대한 트라이볼과 고층 빌딩들이 즐비한 이국적인 풍경을 담을 수 있다.

트라이볼과 송도신도시의 고층건물을 한 화면에 담는 데는 광각렌즈를 사용하고 부분적인 묘사를 위해서는 표준줌렌즈로 촬영한다. 야경 필수품인 삼각대와 릴리즈를 준비하고 촬영 시 뷰파인더에 집중하여 연못 안에 빠지는 일이 없도록 주의한다.

준비물 광각줌렌즈(17~40mm), 표준줌렌즈(24~70mm), 삼각대, 유무선 릴리즈

촬영 길잡이 **난이도** 하 **계절** 사계절 **시간** 일몰 시각 **포인트** 송도 센트럴파크 트라이볼

Canon EOS 5D Mark II | ISO 100 | F7.1 | 15sec | 17mm

#1

트라이볼을 왼편에 두고 공원 건너편의 고층빌딩과 연못에
비친 반영을 함께 담는다. 트라이볼의 앞부분을 프레임 내에
포함하면 마치 우주선처럼 보이는데 17mm의 화각으로 삼각
대를 낮게 펼쳐 로우앵글로 표현하면 좋다. 반영을 선명하게
촬영하려면 바람이 불지 않아 수면이 잠잠해졌을 때 ISO를
800 이상으로 올려 고감도로 설정하고 셔터속도를 1초 내외
로 설정하여 빠르게 담는다.

Canon EOS 5D Mark II | ISO 100 | F8.0 | 20sec | 17mm

지하철 입구를 뒤에 두고 공원 맞
은편 건물을 바라보며 촬영한다.
첫 번째 사진보다 우측에서 촬영하
며 트라이볼 이외에 오른편에 위치
한 조형물을 프레임 안에 담았다.
조리개를 F8.0으로 설정하고 트라
이볼과 고층건물의 노출이 확보되
도록 충분한 셔터속도로 촬영한다.

Canon EOS 5D Mark II | ISO 100 | F8.0 | 2sec | 17mm

#3

송도 센트럴파크의 상징인 트라이볼의 전체 뷰를 담는다. 지하철역에서 트라이볼 반대편으로 이동하여 트라이볼 뒤쪽 모습과 건물, 하늘을 포함해 프레임을 구성한다. 일몰 30분 전후 매직 타임에 담아 하늘을 푸르게 담는 것이 포인트다. 넓은 느낌을 표현하기 위해 17mm 광각 영역으로 촬영하고 셔터속도가 느리므로 삼각대를 이용해 촬영한다. 트라이볼에 조명이 들어올 때 담으면 좋은데 조명의 색이 시간에 따라 변하므로 원하는 색에 맞춰서 촬영한다.

Canon EOS 5D Mark II | ISO 100 | F8.0 | 8sec | 50mm

#4

트라이볼 내부에 물 위를 걸어 다닐 수 있도록 다리 형태로 놓여있는 풍경을 담아보자. 촬영 장소는 지하철역에서 트라이볼 내부로 진입하는 연결 다리이다. 50mm 화각을 이용해 다리가 사진의 하단부에서 시작하는 느낌이 들도록 좌우에 꽉 차게 담고 다른 입구와 연결되는 중앙지점이 가운데 오도록 배치하여 안정감이 들도록 표현한다. 조리개를 F8.0 이상으로 설정하면 좌우의 등에서 약하게 빛 갈라짐을 표현할 수 있다. 다리 하부의 등은 녹색. 주황색 등 시간에 따라 변화하므로 여러 가지 색을 담는 것도 좋다.

촬영 포인트 **찾아가는 길** 센트럴파크역 4번 출구로 나오면 뒤편으로 트라이볼을 찾을 수 있다. **내비게이션** 인천 지하철 센트럴파크역, 인천광역시 연수구 송도 2동 **자가 정보** 센트럴파크역 인근 주차
송도 센트럴파크에서는 고층 건물들이 서 있는 풍경을 넓은 시야로 쉽게 담을 수 있다

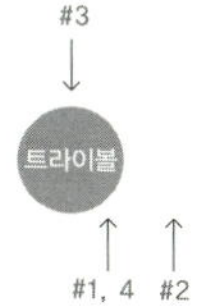

038 선이 아름다운 **샛강다리 야경**

우리나라 최초 비대칭 사장교 형태의 디자인으로 유명한 샛강다리는 직선의 빌딩과 곡선의 사장교 케이블이 아름답게 조화를 이루고 있다.

준비물 광각줌렌즈(17~40mm), 표준줌렌즈(24~70mm), 삼각대, 유무선릴리즈, 철솜

광각렌즈를 이용하여 샛강다리의 전체적인 풍경을 담고 표준줌렌즈로 교량의 부분적인 아름다움을 담는다. 야경 촬영 시에는 셔터속도가 부족하므로 삼각대와 유무선 릴리즈를 준비한다. 철솜 궤적을 이용한 샛강다리 야경 촬영을 할 때는 불꽃 궤적을 크고 예쁘게 만들기 위해 큰 궤적으로 힘차게 돌리는 것이 중요하고 땅에 튄 불꽃으로 불이 나지 않도록 주의한다.

촬영 길잡이 **난이도** 중 **계절** 사계절 **시간** 일몰 전후 **포인트** 샛강다리

#1

샛강다리의 곡선을 왜곡 없이 담기 위해 50mm의 표준 화각과 로우앵글로 담는다. 단렌즈를 이용하여 다리를 통과하는 올림픽대로의 가로등 빛 갈라짐을 표현한다. 셔터속도 확보를 위해 삼각대와 릴리즈를 사용하여 촬영하며, 올림픽대로를 지나가는 차량의 붉은 후미등의 궤적이 담기도록 벌브모드(B)로 촬영한다.

Canon EOS 5D Mark II | ISO 200 | F9.0 | 2sec | 50mm

Canon EOS 5D Mark II | ISO 500 | F7.1 | 1/100sec | 17mm

#2

샛강다리 특유의 곡선을 담아보는 포인트다. 샛강다리를 건너 생
태공원으로 내려오는 계단에서 P3 교각과 함께 담는다. 17mm 정
도의 최대 광각 영역으로 담고 다리의 S 곡선이 잘 표현되도록
낮은 자세에서 로우앵글로 촬영한다. 일몰 전에는 ISO를 500 이
상 올리면 셔터속도가 1/100초 정도로 확보되어 삼각대 없이 촬
영할 수 있다. 일몰 후에는 일정 이상의 셔터속도를 확보하기가
어려우므로 삼각대를 이용하여 촬영한다.

Canon EOS 5D Mark II | ISO 200 | F9.0 | 1sec | 50mm

#3

세로구도로 담았다. 교량의 S 곡선을 사진의 왼쪽 아래에서 시작해 오른쪽 위까지 프레임을 구성하여
화면에 가득 찬 느낌으로 담는다. 웅장하게 표현될 수 있도록 다리 상판을 크게 표현한다.

Canon EOS 5D Mark II | ISO 200 | F9.0 | 7sec | 50mm

Canon EOS 5D Mark II | ISO 200 | F9.0 | 1sec | 70mm

#4

사장교 케이블 구조의 아름다움을 표준줌렌즈를 이용해 담아보자. 주탑을 중심으로 케이블이 양쪽 교량 상판을 당겨주는데 생태공원에서 샛강다리를 바라보면 케이블이 서로 교차하여 꼬여있는 듯한 느낌의 장면을 촬영할 수 있다.

화각은 70~135mm 내외로 설정하고 다른 시설물을 최대한 배제하고 교량 하부의 철골 골조와 케이블만으로 단순하게 구성한다. 조리개를 F9.0으로 조여 케이블과 교량의 선명한 화질을 확보하고 흔들림을 방지하기 위해 삼각대로 촬영한다.

촬영 포인트 **찾아가는 길** 1호선 5호선 신길역 2번 출구, 도보로 5분, 샛강다리를 통해 생태공원으로 내려간다. **내비게이션** 신길역, 샛강다리, 서울시 영등포구 신길1동, **자가 정보** 주차가 어려우므로 대중교통을 이용

샛강 생태공원 아래에서 샛강다리의 하부 골조구조와 함께 샛강다리를 담을 수 있는 포인트다.
샛강다리의 곡선 구조를 담기에 좋은 장소는 '샛강다리'라고 쓰여 있는 3번째 교각(P3) 근처이다.

Canon EOS 5D Mark II | ISO 100 | F13.0 | 10sec | 50mm

고층 아파트 옥상에서 영동대교와 한강 북단의 성수동, 자양동을 한눈에 내려다보면 꽉 막힌 속이 시원하게 뚫리는 기분이다. 영동대교의 하이앵글 샷에 도전하자.

준비물 광각줌렌즈(17~40mm), 표준줌렌즈(24~70mm), 삼각대, 유무선 릴리즈, 두꺼운 외투, 장갑

영동대교와 성수동, 자양동 일대를 아우르는 사진은 광각렌즈를 사용하고 영동대교와 청담대교, 교차로 촬영은 표준줌렌즈로 촬영한다. 야경 촬영이므로 삼각대가 필요하고 옥상의 특성상 바람이 많이 불어 중량이 있는 삼각대가 유리하다.

촬영 길잡이 **난이도** 상 **계절** 사계절 **시간** 일몰 전후 **포인트** 영동대교 야경

영동대교를 50mm의 화각에 대각선 구도로 담았다. 조리개를 F13으로 조여 촬영해도 가로등의 불빛이 멀고 작아 빛 갈라짐은 발생하지 않는다.

영동대교는 다른 한강 교량들과 달리 교각 하부에 조명이 없어 어둡게 촬영된다.

광각렌즈로 영동대교와 대교 북단의 풍경을 담아본다. 17mm의 화각에 너무 많은 피사체가 들어온다면 18~20mm로 화각을 조절하여 마음에 드는 구도를 선정한다. 촬영 시 강변북로의 교량으로 인해 수평 맞춤이 어려운데 사진의 수평은 맞은편 고층 건물로 수평을 잡는다. 수평이 맞지 않았다면 나중에 수정해도 좋다.

Canon EOS 5D Mark II | ISO 100 | F11.0 | 15sec | 17mm

영동대교에서 시선을 오른쪽으로 옮기면 청담대교와 자양동 일대의 풍경이 눈에 들어온다. 영동대교와 청담대교를 프레임 안에 모두 표현하려면 15mm 이상의 광각렌즈가 필요하다. 초광각의 영역으로 촬영하면 북단의 구조물이 매우 작게 표현되므로 17〜20mm 내외의 화각으로 촬영한다. 조리개는 F14로 설정하고 셔터속도는 건물과 차량 궤적의 노출이 오버가 되지 않도록 15초로 세팅하였다.

Canon EOS 5D Mark II | ISO 100 | F14.0 | 15sec | 17mm

Canon EOS 5D Mark II | ISO 320 | F7.1 | 1/250sec | 17mm

일몰 전 올림픽대로의 차량 통행장면을 1/250초 이상의 셔터속도로 담아 정지 영상처럼 표현하자. 출퇴근하는 일상의 장면을 순간적으로 담아내는 것도 좋고, 자동차로 가득한 도로와 텅 빈 한강의 대조도 여운에 남는다. 17mm로 촬영하였으나 자동차라는 주제를 강조한다면 20~30mm로 클로즈업하여 촬영해도 좋다. 차량이 정지된 모습으로 찍기 위해 일정 이상의 셔터속도를 확보해야 한다.

촬영 포인트 **찾아가는 길** 7호선 청담역 14번 출구로 나와 도보로 10분 가면 청담자이 105동에 갈 수 있다. 105동 옥상에서 촬영 **내비게이션** 청담자이아파트, 서울시 강남구 영동대로138길 12 **자가 정보** 청담자이아파트 주차장 이용

105동 이외에 다른 동에서 촬영하면 105동 건물에 가려 화각에 제한이 있으므로 105동에서 촬영하는 것을 추천한다.

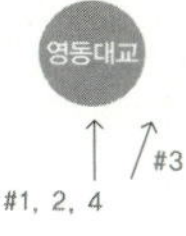

조리개를 F4 이상으로 조이면 전체적으로 선명한 사진을 얻을 수 있고, 조리개를 F4 이하로 개방하면 피사체에 초점이 맞은 적절한 배경 흐림 사진을 얻을 수 있다. 한낮에 촬영하는 사진이므로 셔터속도엔 제약이 없다. 사람이 없는 풍경만을 담아보기도 하고 인물이 포함된 풍경도 담아본다.

Canon EOS 5D Mark II | ISO 100 | F2.8 | 1/6400sec | 50mm

양귀비꽃으로 물들어 있는 상동 호수 공원 040

세상이 온통 붉은 양귀비꽃으로 물들어 있어 바쁘게 지나가는 사람들조차 주머니에서 스마트폰을 꺼내 카메라 앱을 실행시키도록 만드는 상동호수공원으로 떠나보자.

준비물 광각줌렌즈(17∼40mm), 표준줌렌즈(24∼70mm), 표준단렌즈(50mm), 망원줌렌즈(70∼200mm), 삼각대, 유무선 릴리즈, ND 필터

광각렌즈는 넓은 양귀비꽃밭의 풍경을 크게 담는다. 표준줌렌즈와 단렌즈는 꽃을 주 피사체로 크게 담고 풍경도 함께 담아낼 수 있다. 피사체와 적당한 거리를 두고 망원렌즈로 인물을 담으면 배경 흐림 처리된 사진을 촬영할 수 있다. 한낮의 태양은 빛이 강렬해서 망원을 이용해 조리개를 개방하여 촬영할 경우 셔터속도가 1/8000초를 초과할 수 있으므로 ND8 필터를 사용하면 좋다.

촬영 길잡이 **난이도** 하 **계절** 봄(5∼6월) **시간** 오전∼오후 **포인트** 상동호수공원 양귀비꽃

Canon EOS 5D Mark II | ISO 100 | F1.6 | 1/6400sec | 50mm

#2

양귀비꽃은 규칙성 없이 개화되어 있다. 많은 양귀비꽃을 담으려
하지 말고 하나의 꽃에 초점을 맞추고 배경을 흐리게 처리하자.
뒤편에 위치한 양귀비꽃들은 뭉개져서 붉은 강물이 흘러가는 것처
럼 표현된다. 이와 같은 표현을 위해 조리개는 F1.2~2.8로 개방하
여 촬영한다. 조리개 컨트롤 이외에도 50mm 화각으로 렌즈에 가
까운 피사체에 초점을 맞출수록 배경은 더욱더 흐려진다.

Canon EOS 5D Mark II | ISO 100 | F1.6 | 1/8000sec | 50mm

#3

양귀비꽃 맞은편엔 청보리가 심겨져 있다. 청보리밭에 간혹 붉은 양귀비가 피어 있어 색 대비를 이룬다. 삼산체육관역에서 상동호수공원 방향으로 촬영하면 고층 주상복합아파트를 배경으로 색다른 사진을 담을 수 있다. 이러한 풍경에 인물을 더해 촬영하면 특별한 설정 없이도 감성적인 사진을 담아낼 수 있다. 아련한 느낌을 위해 조리개는 F1.2~2.8로 개방하여 촬영한다. 특히 F1.2로 개방할 경우 한낮의 빛에 노출 오버가 될 수 있으므로 ND8 정도의 필터를 끼워 셔터속도를 확보하는 것이 중요하다.

Canon EOS 5D Mark II | ISO 100 | F6.3 | 1/3200sec | 85mm

Canon EOS 5D Mark II | ISO 100 | F2.0 | 1/2000sec | 135mm

#4

인물사진을 위해 망원렌즈로 촬영하자. 인물과 풍경이 조화를 이루도록 모델과의 거리를 두고 135mm의 화각으로 촬영한다. #3 사진처럼 양귀비꽃 속에 있어도 좋고 말뚝과 줄에 기대어 앉아도 좋다. 콘셉트 촬영 시엔 단조로움을 피하도록 모자와 비눗방울 등의 소품을 준비하면 좋다.

촬영 포인트 ▶ **찾아가는 길** 지하철 7호선 삼산체육관역 4번 출구, 도보 5분 **내비게이션** 상동호수공원. 경기도 부천시 원미구 조마루로 15 **자가 정보** 상동호수공원 주차장 이용
공원 안으로 들어선 순간부터 붉은 양귀비의 향연이 펼쳐진다. 양귀비꽃이 조성된 작은 동산 내부에는 나무 말뚝과 줄로 만들어진 오솔길이 있다.

Canon EOS 5D Mark II | ISO 100 | F8.0 | 8sec | 24mm | 궤적합성

역사적인 구조물 독립문은 도심 한가운데 위풍당당 자리한다. 그 앞으로 수없이 흐르는 자동차궤적과 가로등 불빛을 보고 있노라면 옛 건축물과 현대도심의 풍경이 묘하게 조화로운 모습을 볼 수 있다.

준비물 광각줌렌즈(17~40mm), 표준단렌즈(50mm), 망원줌렌즈(70~200mm), 삼각대, 낮은 삼각대, 유무선 릴리즈, 손전등, 소프트 필터

풀 프레임 DSLR을 기준으로 50mm 화각에서 부분적인 프레임으로 구성할 수 있다. 광각렌즈는 독립문 공원과 사거리, 서울N타워까지 전체적인 풍경을 담을 수 있고, 망원렌즈는 고가의 부분적인 사진을 담을 수 있다. 야경 촬영에는 삼각대와 릴리즈가 필수이고 옥상 촬영을 위해 손전등을 준비한다. 독립문을 배경으로 별 점상 촬영 시 광해를 고려하여 소프트 필터를 사용하면 밝은 별의 모습을 얻을 수 있다.

촬영 길잡이 **난이도** 상 **계절** 사계절 **시간** 오후 6시 이후 **포인트** 독립문과 독립문사거리 자동차 궤적

#1

풍부한 자동차 불빛이 궤적을 얻으려면 조리개우선모드(A)에서 조리개는 F8.0, 셔터속도는 8~10초로 각 신호별 진행차량의 궤적(직진, 직진 후 좌회전 등)을 각각 촬영 후 사진을 합성한다. 프레임 구성 시 최대 광각으로 촬영하면 #2 사진에서 볼 수 있는 것처럼 사진의 하단부에 십자가 네온불빛이 포함되므로 이를 배제하고 촬영하기 위해 20~24mm 화각대로 촬영하는 것을 추천한다.

NIKON D700 | ISO 200 | F16 | 1/80sec | 195mm | EV 0

Canon EOS 5D Mark II | ISO 100 | F8.0 | 8sec | 17mm |

#2

독립문 극동아파트 옥상에서 독립문과 고가의 전체적인 풍경을 17mm의 화각으로 촬영하였다. 선명도를 위해 조리개는 F8 이상으로 설정한다. ISO는 100으로 유지하고 M 모드로 8~10초 사이의 셔터속도를 선정한다. 미세먼지 농도가 낮아 시정이 좋은 날 촬영한다면 독립문과 함께 서울N타워까지 담을 수 있는 화각이다.

#3

독립문사거리와 고가의 자동차 궤적만 망원렌즈로 촬영하였다. 조리개우선모드(A)로 촬영하며 조리개는 F8.0 셔터속도는 10초로 설정하였다. 망원렌즈로 담는 풍경은 다소 답답한 느낌을 주지만, 하나의 주제를 압축적으로 강조하는 데 유리한 점이 있다. 독립문사거리 차량이 교차하는 지점의 궤적과 교각 위로 통행하는 차량 궤적을 부각하기 위해 135mm로 촬영하였다. 전체적인 사진에서 볼 수 없었던 선명한 차량 궤적과 정차된 차의 모습들 그리고 칼날같이 선명한 교량과 교각을 표현하였다.

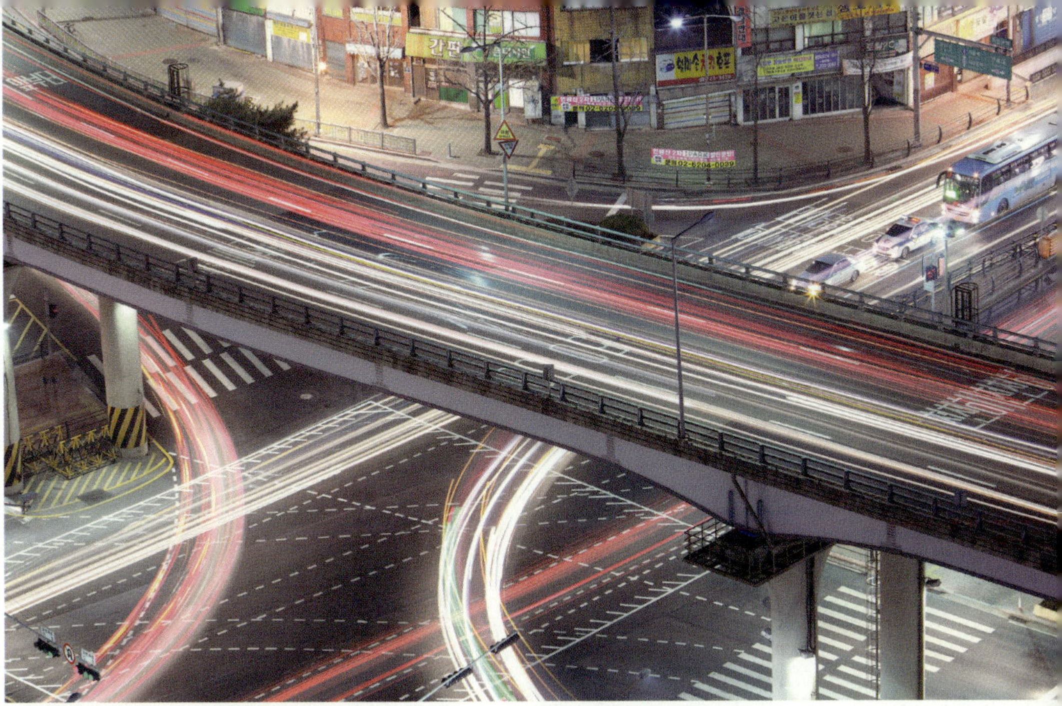

Canon EOS 5D Mark II | ISO 100 | F8.0 | 10sec | 135mm

촬영 포인트 **찾아가는 길** 지하철 3호선 독립문역 4번 출구로 나와 도보로 5분 정도, 독립문 극동아파트 **내비게이션** 독립문 **자가 정보** 주간에는 독립공원 주차장에 주차할 수 있고, 야간에는 근처 교회 주변이나 아파트 주변에 주차할 공간이 생긴다.

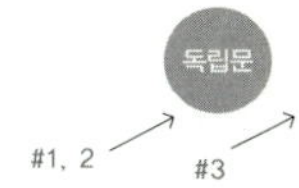

독립문에서 가장 가까운 극동아파트 옥상에서 촬영한다. 옥상에서는 독립문 사거리를 중심으로 광각, 표준, 망원렌즈 등을 이용해 다양한 프레이밍으로 구성한다. 광각렌즈로 넓게 촬영할 경우 앞쪽 교회의 불빛이나 난간의 턱이 화각에 걸리지 않도록 촬영한다. 아파트의 옥상 담벼락은 140cm 정도로 높지 않고, 담의 두께도 두껍지 않아 일반 삼각대로 촬영할 수 있다. 최근 미니 삼각대가 많이 출시되고 있는데, 미니 삼각대를 이용하여 담에 올려놓고 촬영하면 쉽게 구성할 수 있다. 단, 카메라와 장비가 밖으로 떨어지지 않도록 주의한다.

042 선이 아름다운 다리
가양대교 야경

한강에 놓인 다리 대부분이 웅장하거나 화려하지만, 가양대교는 붉고 가느다란 옆모습이 여성스러운 다리이다. 멀리서 보는 단조로운 모습과는 달리 가까이 가면 다양한 모습을 보여준다. 겉모습은 부드럽고 단순하지만 속은 다양한 아름다움을 가진 한강 다리이다. 가양대교 남단에는 한강을 바로 옆으로 두고 걷거나 하이킹을 할 수 있고, 북단에서는 버드나무나 갈대 등 정형화되지 않은 한강 변의 모습을 보며 산책을 즐길 수 있어 더욱 좋다.

준비물 광각렌즈, 표준렌즈, 망원렌즈, 삼각대. 유무선 릴리즈, 랜턴

가양대교 북단의 무쇠 다리 포인트는 표준과 망원렌즈가 다 필요하고, 남단은 광각과 표준렌즈가 필요하다. 밤에 촬영해야 하므로 삼각대, 릴리즈 등을 잊지 않도록 한다.

촬영 길잡이 **난이도** 중 **계절** 연중 **시간** 해 진 후 밤 11시까지(조명) **포인트** 다리 아래 붉은 교각

#1

가양대교에서 가장 많이 촬영하는 기본 포인트, 일명 '무쇠 다리' 포인트로 가양대교 북단에서 강가로 접근해 촬영한다. 붉고 튼튼한 교각의 모습을 겹쳐지게 담는 것이 포인트다. 가양대교 북단 엘리베이터 부근의 넓은 공터 끝 부분에서 촬영해도 되는데 그럴 경우에는 한강의 모습보다 갈대가 많이 찍힌다. 50mm에서 100mm 사이의 화각으로 촬영하면 다음과 같은 모습을 얻을 수 있으며, 광각렌즈로 촬영할 경우 더 넓고 웅장한 상판의 모습을 함께 담을 수 있다.

NIKON D700 | ISO 200 | F8 | 20sec | 85mm | EV 0

NIKON D700 | ISO 200 | F8 | 20sec | 28mm | EV 0
NIKON D700 | ISO 200 | F16 | 30sec | 17mm | EV 0

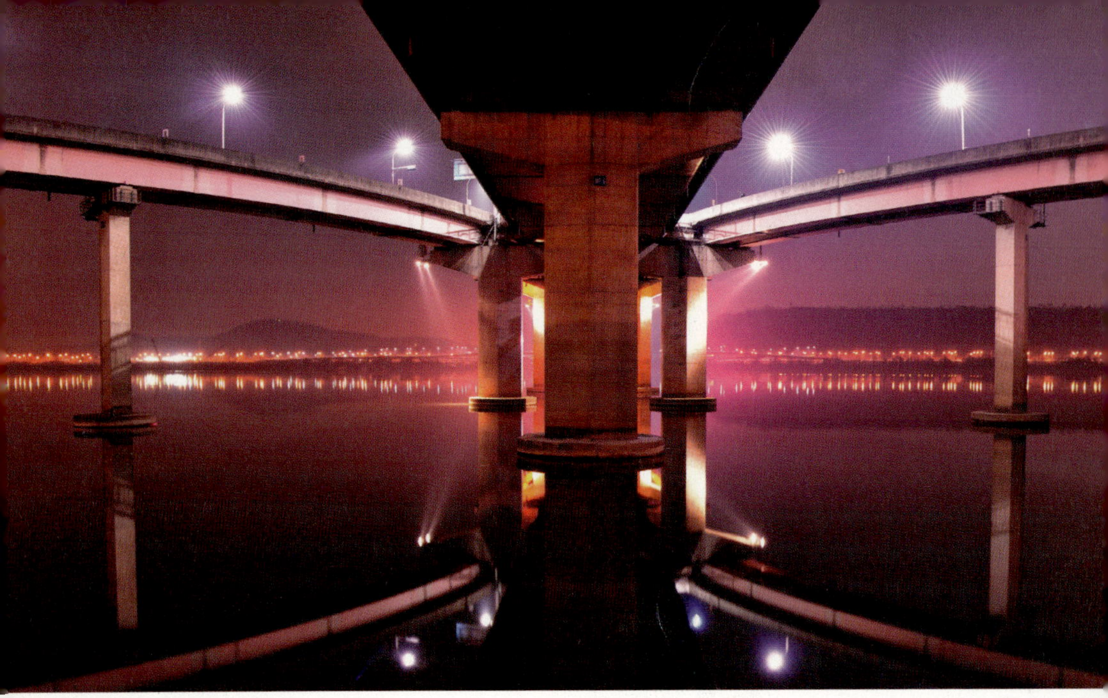

NIKON D700 | ISO 200 | F8 | 30sec | 24mm | EV 0

#2

필자가 '매머드 포인트'로 부르는 곳으로 중앙 교각 좌우로 난 진출입로가 마치 매머드의 뿔처럼 생긴 곳이다. 상하좌우 정중앙에 포인트를 맞추어 촬영하면 데칼코마니 기법처럼 가양대교의 모습을 담을 수 있다. 수면에 비친 다리의 모습을 선명하게 담으려면 수면이 고르고 청명한 날이 좋다. 밤 11시 정도면 다리의 조명 빛이 꺼지므로 그 전에 촬영한다. 다리 상판이나 좌우 진출입로의 모습을 넓게 담으려면 24mm 이상의 광각렌즈가 좋다.

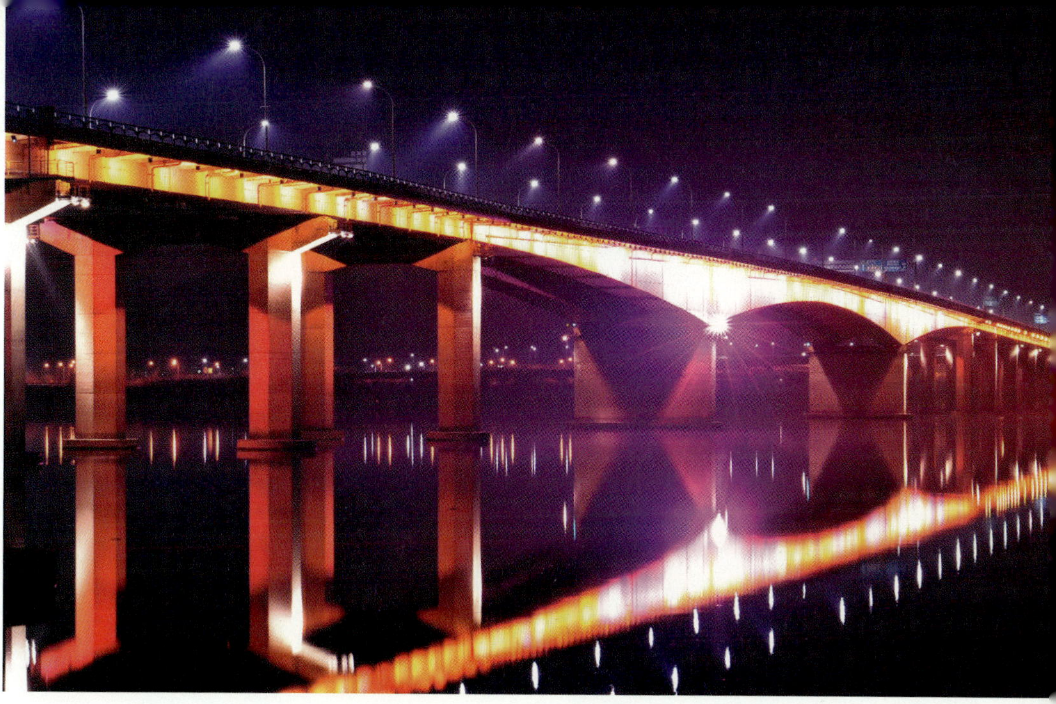

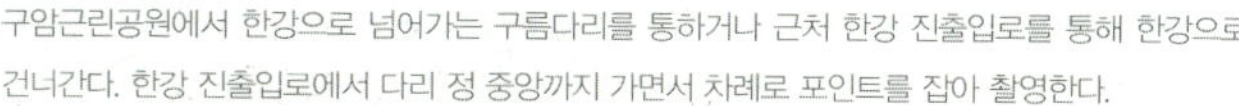

NIKON D700 | ISO 200 | F16 | 30sec | 17mm | EV 0

#3

필자가 '빨래집게' 포인트라 부르는 곳으로 가늘고 긴 가양대교의 모습이 한강에 반영되어 상하 대칭을 이루며 빨래집게처럼 보이는 촬영 포인트다. 물이 잔잔해야 반영이 잘되므로 강의 수면이 잔잔한 날, 날이 맑은 날 촬영하는 것이 좋으며, 가양대교의 조명 불빛이 점등되어 있을 때 촬영한다. 촬영 위치는 가양대교 남단 정 중앙에서 상하로 약 7~80m 지점으로 적절히 위치를 옮겨가며 촬영한다.

촬영 포인트 **찾아가는 길** 지하철 9호선 가양역 1번 출구로 나와 1km 거리의 구암근린공원(허준박물관) 내부를 가로질러 구름다리를 통해 한강으로 간다. 한강 출입구부터 가양대교 가운데까지는 약 550m 정도 된다. | 허준박물관, 가양역 등 하차 **내비게이션** 허준박물관, 구암근린공원 **자가 정보** 야간에는 대한한의사협회 건물이나 허준박물관 주차장에 주차한 후 구암근린공원을 가로질러 한강으로 건너간다.

구암근린공원에서 한강으로 넘어가는 구름다리를 통하거나 근처 한강 진출입로를 통해 한강으로 건너간다. 한강 진출입로에서 다리 정 중앙까지 가면서 차례로 포인트를 잡아 촬영한다.

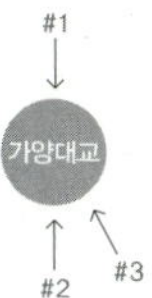

카메라와 함께 떠나는 성당 여행지

01 감곡 매괴성당(충청북도 음성군 감곡면 성당길 10) 전국에서 18번째, 충청북도에서 최초로 건립된 성당이다. 매괴라는 말은 해당화를 뜻하는 말이기도 한데 천주교가 들어올 때 함께 들어왔다고 한다. 농촌의 한적한 분위기가 느껴지는 가운데 예배시간이 되면 시골 아주머니들과 아이들이 들어서 시골 성당의 정겨운 분위기가 연출된다.

02 횡성 풍수원성당(강원도 횡성군 서원면 경강로유현1길 30) 100년 전 모습 그대로 세월의 흔적을 간직한 성당으로 강원도에서 처음 지어진 성당이다. 천주교 박해를 피해 신자들이 모여들면서 지어진 성당으로 빨간 벽돌로 쌓은 벽과 뾰족한 종탑의 모습이 그림과 같이 예쁘다. 특히 강원도 산속에 위치하다 보니 성당 앞에 있는 아름드리나무는 물론이고 주변 산과도 조화로운 풍경을 연출한다.

03 서울 중림동 약현성당(서울 중구 중림로 27) 만리동에서 서울역으로 넘어오는 곳에 있던 고개 이름을 따서 지어진 약현성당은 우리나라에 세워진 최초의 서양식 교회건축물이자 벽돌집의 고딕성당으로 후에 지어진 성당에 많은 영향을 주었다. 도심에 있어 비교적 찾아가기 쉽고 관람객이 아직은 많지 않아 여유로움을 느낄 수 있다.

04 아산 공세리성당(충남 아산시 인주면 공세리성당길 10)

드라마나 영화, CF 등에 많이 나오는 성당으로 아름드리 나무와 고딕 양식의 성당 건물이 조화로운 성당이다. 오래된 느티나무 사이를 길게 이어가는 성당 입구의 산책로와 성당의 모습은 이곳을 찾는 많은 사람에게 여유로움과 따스함을 주기에 충분하다.

05 안성 미리내성지 요셉성당(경기도 안성시 양성면 미리내성지로 420)

미리내는 순우리말로 은하수를 말한다. 서울 새남터에서 순교한 김대건 신부의 시신을 교우들이 의해 미리내로 이장되면서부터 순교 사적지가 되었다. 드넓은 숲과 숲길, 여유로움과 느긋함이 느껴질 뿐만 아니라 안성 주변에 여러 사진 여행지가 있어 좋다.

06 대한성공회 서울주교좌성당(서울대 중구 세종대로21길 15 16)

로마네스크 양식에 한국 전통 건축 기법을 조화시킨 아름다운 건물로 십자가 형태의 외형에 다양한 선이 조화를 이루고 있고, 성당 내부에는 12 사도를 상징하는 돌기둥이 있다. 붉은 기와에 웅장한 외벽과 내부의 흰색 천장과 돌기둥은 이국적인 정취를 물씬 풍긴다.

카메라와 함께 떠나는
벽화 마을 여행지

01 **동인천 벽화 마을**(인천광역시 동구 솔빛로 51) 인천 배다리에는 부산의 보수동 골목길과 비슷한 헌책방 골목이 있다. 헌책방 골목길을 지나 수도국산 달동네 박물관으로 향하는 길에 조성된 벽화 마을을 구경할 수 있다. 소개하는 벽화 마을 중 가장 최근에 채색되어 그림과 색이 선명한 것이 특징이다.

02 **문래동 예술 마을**(서울특별시 영등포구 문래동 도림로) 서울 한복판에도 예술촌이라 부를 수 있는 곳들이 있다. 문래동 사거리에 있는 문래동 철공소 예술 마을을 소개한다. 1층에는 철공소들이 있고 2층에 예술가들이 주거한다. 철공소의 기둥, 벽, 셔터에 꾸며진 벽화와 조형물을 볼 수 있다.

03 **상도동 밤골 벽화 마을**(서울특별시 동작구 양녕로34나길) 다른 벽화 마을에 비교하였을 때 벽화는 많지 않지만, 곳곳에 숨어있는 벽화를 찾는 재미가 있는 곳이다. 벽화뿐만 아니라 햇볕이 따뜻하게 내리쬐는 날이면 일광욕을 하며 장난치는 고양이들을 쉽게 볼 수 있는 곳이어서 또 다른 재미를 주는 장소다.

04 **이화동 벽화 마을**(서울특별시 종로구 낙산길 41, 28-18) 대학로 주변에 위치한 이화동 벽화 마을은 벽화 사진뿐만 아니라 데이트 장소로도 유명한 곳이다. 데이트장소에 걸맞게 아기자기하고 달콤한 벽화들이 많다.

05 **지동, 행궁동 벽화 마을**(경기도 수원시 권선구) 수원 지동과 행궁동에 위치한 벽화 마을로 다양한 종류의 벽화가 그려져 있는 것이 특징이다. 두 벽화 마을이 붙어있지는 않지만, 규모가 작은 편이므로 행궁동 벽화 마을을 구경하고, 화홍문을 지나 지동 벽화 마을로 가는 코스를 추천한다.

06 **홍제동 벽화 마을**(서울시 서대문구 세검정로4길) 벽화 마을로 유명한 홍제동 개미 마을은 최근 영화 7번 방의 선물 촬영지로 유명한 장소가 됐다. 마을버스 종점에서 하차하여 천천히 내려오며 벽화 마을을 둘러보고 사진 촬영하기 좋다.

내가 사랑한
풍경 레시피
가 고 · 보 고 · 찍 고

인쇄일 2014년 03월 06일
발행일 2014년 03월 14일

지은이 김재왕, 윤돌
펴낸이 최병윤

펴낸곳 리얼북스
출판등록 2013년 7월 24일 제315-2013-000042호

주　소 서울시 마포구 서교동 440-3 미주빌딩 2층
전　화 070-4800-1375
팩　스 02-334-7049
이메일 sbdori @ naver.com

© 김재왕, 윤돌

ISBN 979-11-950875-2-5 〔13980〕